U0606452

读客文化

职场晋升
101

崔璀 著

**学会本书一小半，
骑着火箭往上蹿！**

江苏凤凰文艺出版社
JIANGSU PHOENIX LITERATURE AND
ART PUBLISHING

图书在版编目（CIP）数据

职场晋升 101 / 崔璀著 . -- 南京 : 江苏凤凰文艺出
版社 , 2022.4
ISBN 978-7-5594-5359-4

Ⅰ . ①职⋯ Ⅱ . ①崔⋯ Ⅲ . ①成功心理 – 通俗读物
Ⅳ . ① B848.4-49

中国版本图书馆 CIP 数据核字 (2021) 第 268743 号

职场晋升 101

崔璀　著

责任编辑	丁小卉	
特约编辑	洪　刚	贾育楠
特约策划	蔡　蕾	
封面设计	于　欣	
内文插画	朱雪荣	
出版发行	江苏凤凰文艺出版社	
	南京市中央路 165 号，邮编：210009	
网　　址	http://www.jswenyi.com	
印　　刷	河北中科印刷科技发展有限公司	
开　　本	880 毫米 ×1230 毫米 1/32	
印　　张	9.5	
字　　数	145 千字	
版　　次	2022 年 4 月第 1 版	
印　　次	2022 年 4 月第 1 次印刷	
标准书号	ISBN 978-7-5594-5359-4	
定　　价	49.00 元	

江苏凤凰文艺版图书凡印刷、装订错误，可向出版社调换，联系电话：010-87681002。

职场晋升的 101 个招式

崔璀的工作阅历并不复杂，大学毕业进了蓝狮子，三年就做到了总编辑，后来参与巴九灵的自媒体矩阵建设，头头是道基金的筹备和投资，投出了十点读书、小小包麻麻等文创项目，再后来自己创业，就是现在的 Momself 和优势星球。

这三段工作，她的身份分别是职业经理人、投资人和创业者，所以，她对工作的理解很丰富，至少比我要切肤得多。在跟崔璀共事的几年里，我是一个懒散的师父，连周会都不太会开——所以办巴九灵的时候索性就不参加了，她总是在用自己的方法完成我交给她的任务。就如同我把《易筋经》传给了她，而每天辛苦练功的其实是她，师父从来没有下场展现过什么手脚。

现在回想起来，十多年间，崔璀能够嗖嗖地成长，就是因为她"愿意"花力气去做事——这恐怕也是她的优势所在。她做任何一份工作，都是先从热爱出发，一旦确定，就落子无悔，全力以赴；她善于从人心的角度从事管理工作，以女生特有的细腻和柔软去处理各类关系；她是一个有细节洁癖的人——这一点倒像我，能够把最烦琐的工作打理得天阔地圆。

她的这本新书更像是一个又一个的Q&A，把职场的苦恼用场景化的方式呈现出来，然后她给出自己的解答。而在我看来，有很多问题也许比答案更有趣。

这本《易筋经》打开来，最最紧要的其实就是这么几个字：**认真做人，诚实做事，追求结果，享受过程。**

那些复杂的招式，都是崔璀自己琢磨出来的。这本书的新鲜，也正在这里了。

我一直在给职场中不同的人做翻译

你好啊，陌生人。

我写了一本小书，想跟你聊聊职场中一些很基本的问题。

场景很细碎，方法很具体，但我想在序言里，说些书里没说的话——在这本书里，其实我在跟你们聊"学会爱"。

很奇怪吧，一本职场书，怎么会聊这个？

陀思妥耶夫斯基曾说过："要爱一个具体的人，不要爱一个抽象的人。"我讲职场管理课时有时候会引用，每次都会看到现场有同学展现各种意味深长的表情，或是不解，或是不屑。

我很能理解，提到"爱"这个字，大家第一时间想到的是伴侣、孩子，或者父母。但其实我们常常忽略一个事实：**我们一生中绝大多数时间其实是在工作，我们跟同事相处的时间，甚至远多于家人。**

你知道吗，我们跟工作伙伴的关系，对我们的幸福程度和工作效能的影响，远超过你的想象。

你我都是职场人，我们都知道，早上起床时的那一瞬间，是斗志昂扬，还是硬着头皮，跟职场中的人际关系有很大关联。

你是拥有健康的人际关系，与同事并肩作战，愿意把后背交出去，还是推动事情阻碍重重，不想与人沟通，会很大程度上决定你的职场效率。

我们都或多或少跟同事起过争执，观点不同，怎么都不能达成一致。哪怕意图是好的，也会在这个过程中不耐烦，变得愤怒和情绪化，有时甚至会上升为人身攻击。

即便是专业领域的业务高手，在人际沟通中也常常一败涂地。

我讲课时，常常说一句话："很多时候，一个人提出辞职，不一定是他不爱这份工作了，而是在这个组织中，他失去了沟通的欲望。他失去了通过沟通推进任何事情的欲望。"

每一次讲这句话，台下很多人都强烈地点头。那些点头，背后传递出了一些信息：他们每个人心里都有一些想要说但说不清楚、哪怕说了也会被别人堵回来的话。

这些话，我们来说。

这几年，我做了很多事：办公司、讲课、拍视频、写书。但有时候想想，其实好像一直在做的只有一件事——做翻译。

给在不同角色下的不同人做翻译，给不同优势的人做翻译（你看完这本书，可能会更理解，为什么我这样讲）。

慢慢地，我们得到了越来越多人的信任。

大概是因为，**我们准确翻译出了他们想说而说不出的那些话。**

比如说，最近这一两年，越来越多的管理者跟我聊起来会说，"感觉管理越来越难做了。"

其实管理者没说出来的那个困惑是：为什么人越来越"贵"了？

人变贵了，不一定是单个的直接人力成本增加，而是**离职率增高，人员流动性变高了。**各种隐性成本结合在一起，结果就是人变贵了。

我们先来看几组数据：

2020 年，第一批 90 后迈入了 30 岁，90 后群体已占企业白领人数的 42%。

BOSS 直聘研究院也提供了类似的结论，员工越年轻越爱跳槽。从 70 后到 00 后，第一份工作的平均在职时间不断缩短，从 84 个月降至 11 个月。

在由 LinkedIn 发起的一份职场人士价值观调查结果，我看到了另外一个数据：

在 90 后和 95 后中，37.25% 的员工会因为和老板的沟通不畅而离职。也就是说，3 个离职的员工中，就有 1 个离职原因是自己的沟通问题。

这也侧面展示了人变贵的另外一个现象，**协作成本变高了，沟通成本变高了。**

管理者不再能简单粗暴地行使曾经以为的"管理权"了，管人这件事仿佛从一道有逻辑可拆解的数学题，变成了一道要讲究抽象意义的艺术题。

我的一位创业者朋友跟我描述过一个很真实的场景，他在北京出差跑客户，一天跑了 5 个客户，深夜回到酒店发现自己还没吃晚饭。这时候，收到了一条微信，他们公司业绩最好的一个高管提出离职，原因是跟自己的直属领导发生了剧烈冲突。

这位创业者说，5 个客户，有 3 个拒绝了自己，他都觉得没什么，能挺过去，但却被高管的离职微信给彻底压垮了。

他跟我说："你知道吗，崔璀，整个市场的大环境都不太稳定，公司和老板每天都在为生存焦头烂额，这时候，**最怕最怕的，就是背后忽然空了，没人了。**"

越来越多的 70 后、80 后管理者开始发出"搞不懂年轻人"的呼喊，他们觉得年轻人玻璃心，抗压性差。

他们不理解的是，明明是一件正确的事，三下五除二你去干了就完了，怎么翻来覆去，还要"沟通"？

都什么形势了，赶紧冲上去打仗啊，谁还有空谈星星看月亮？

这是职场，除了爸妈，谁也没有义务照顾谁的情绪。

2021 年我开过一些管理沟通课，我跟听课的管理者说："你们是不是不能理解，怎么有些员工不高兴了就不好好工作了，显得特别不成熟？"

我看到在听课的同学们，想要狂点又控制住了的头。

曾经我们认为，职场上对事不对人，职场不相信眼泪。但时代在变化，我们面对的群体已经不一样了。

如果我们真的想把一件事做成，我们首先就得了解面对的这群新人类。

古罗马政治家、哲人西塞罗有句很经典的话："假如你想说服我，你必须想我所想，觉我所觉，言我所言。"

那我们再来翻译一下，职场人没有说出来的那句话。

职场人想说：我本来就很"贵"。

我在另外一个报告里，看到了"年轻人觉得哪些会影响他们的工作体验"这一选项，排名最靠前的是"畅所欲言，善于倾听的氛围，尊重员工的亚文化爱好，对员工情绪状态和需求关注给予及时的正向反馈。"

我来帮职场人翻译一下这些需求以及原因：

我们70后、80后所经历的社会文化，更多的还是群体文化，跟兄弟姐妹一起长大，小时候住大杂院；也很习惯权威文化，读书时我们怕老师，上班后多数时候听老板的，因为上升通道相对单一；也更习惯趋同式成长，大家都这样，我也这样。

我们对自我独特性的探寻，可能要从30岁开始。

但是年青一代不一样，90后、00后多为独生子女，在被养育过程中，他们有时候会面对多个老人照顾一个孩子的情况，他们的需求被更多人照顾到，这给了他们对于强调个体价值的自信。

64%的95后认为，工作中的个人价值感比对组织的贡献更重要。暂且不说这句话的政治正确性，但是说白了，就是首先要自己感受是好的。

年轻人们想说的那句话是，我是很贵，但我不是 expensive（昂贵的），是 precious（珍贵的）。

有本书叫作《现实主义者的乌托邦》，我在里面看到了另外一个数据，20世纪50年代，只有12%的年轻人同意我是独一无二的这句话；现在，你猜这个数字是多少？80%。

"认为自己是独一无二的"，就意味着他们需要个体价值被认可，他们需要通过内在动机来做事，而不是单纯的外在指令，你跟我拍桌子没有用，他们需要知道：**我是谁，我为什么要做这件事，是有意义、有价值还是单纯的有趣。**

这也是管理变得越来越难的一个体现。你说服年青一代的成本变得更高了，简单的指令没有用了。你要告诉他们 why（为什么），而不仅仅是 what（什么事）和 how（怎么做）。

但是，一旦你了解并认同了年轻人的规则，很多事情又变得不可思议的简单。

我讲个小故事，真实发生的：

我的一个管理者 C 跟我说了这么件事，她有一个下属，98年的，刚开始，C 觉得这小朋友太玻璃心了，一句话没注意说重了，就嚷着要离职。

C 心想，我自己天天压力大的要命，我还要照顾你的情绪？——很熟悉是吧，管理者普遍都有的心路历程。

但后来有一次，因为稿子写得好，C 真诚赞美了小朋友。没想到，就此掌握了一个了不得的驱动密码。

小朋友因为得到了正反馈，开足了马力，干劲十足。因为创造力爆发，小朋友又干了几次漂亮活儿，C又真诚地发出了赞美，小朋友的自我价值感再一次被激发了。

一个正向循环就此建立了。

后来又发生了一件事。小朋友因为男朋友要去上海发展，也要一起去，辞职流程都走完了，上海的 offer 也拿到了，条件很不错。但是临到最后一刻，她撤回了离职申请，据说她那天晚上失眠到凌晨 4 点。

原因是，舍不得这里的团队氛围和那个能顾及她情绪价值的领导。

在年轻人嘴里，他们说，这叫用爱发电。他们说，**情绪价值，是第一生产力。**

他们甚至用了一句很文艺的话，当我们被爱着的时候，我们就会变得更好。

C跟我说，她内心受到了震荡，这是她第一次意识到，那些难搞的小朋友，其实需要的只是一次肯定，而那份肯定，会激发出他们那么多内动力。

情绪价值，原来是能变成实际生产力的，只要方法恰当，就能产生真正有效的协作。

翻译完大家的话，再让我说出自己想说的那句话吧。

我想说的是，爱具体的人。

如果让我给这里的"爱"下一个更具体的定义，我大概会这样说：

在一个组织里，我们深刻地关注着对方。

因此，我们看到了对方的不同，理解和承认你我是不一样的人。

我们努力学习如何与不同的人协作，以此来完成我们共同的目标，彼此成就。

你可以理解为关注，理解。

但有意思的是，当我们深入地去做课程研发，跟很多 CEO 教练、商学院讲师、管理者、职场人反复探讨，你会发现：很多人做不到，不是因为他们不愿意做，而是因为，他们根本就不会。

"爱会让人们明白除自己之外，原来这个世界上还有其他真实存在的东西。但是，爱是一种极度艰难的认识。"

越发觉得，爱是一种能力，它是由欣赏和激发共同组成的能力。

首先，爱不是规训他人，而是欣赏不同。

很多人不知道如何欣赏别人，我们习惯了骄傲使人退步的恐吓，从来没有意识到：自豪使人进步。

这句话来自 2021 年逝世的百岁翻译家许渊冲先生。

也许在标准化认知中，你会觉得"年轻人不要玻璃心，想太多"。

但还有一种认知是：他因为同理心特别强，对别人的感受会很在意。也许可以问问他，你需要什么帮助？

——这时候，变化发生了，情绪开始流动，事情开始推动起来。

或者，你会对某个人的冲动很反感：三思而后行啊，你都不动动脑子吗？

但还有一种认知是：他天生的优势就是行动力，站起来就想做，你要知道，否定他的行动力，就等于否定了他这个人，你要告诉他的是，不要在意犯错，但是一定要在意修正。

——这时候，对面的这个人知道你懂他的优点和可能会犯的错，他就会更加信任你，他知道你在帮助他。

语言就是信息，信息就是一切。

而它又不仅仅是语言，在语言背后，首要的是观念。

这个观念，我借用《高效能人士的七个习惯》中的一句话来概括：

"创造协作的关键在于肯定甚至拥抱人们之间的差异。"

其次，爱不是改变他人，而是让改变自己发生。

如果意识到这种差异，承认差异，我们常常觉得另外一个人不够好，是因为"他没有满足你的标准"，你想要一个人改变时，改变往往不会发生。

比如，你有一个同事，你觉得她太玻璃心：脆弱是不好的，情绪化是要改的。

对方会感知到你的潜台词："你需要改变，是因为你不够好。"

这会带来某些不安全感。而不安全感带来的是防御，而非改变。

我翻过很多遍的《第五项修炼》里有句话："没有人抗拒改变，人们抗拒的是被改变。"

但如果你意识到，他其实是善于倾听，能真的理解对方的需求。也许你就会发现，他适合的角色，是"整合者"，把一些冲突的部门整合在一起，倾听大家的不同意见，消解不同人的情绪，协同大家一起做事情。

但凡没有这种优势的人来做这件事，就会觉得非常烦躁，在各种需求和冲突间爆炸，三句话不到就会吵架。

管理大师德鲁克先生有一个理念，管理者的任务不是去改变人。管理者的任务，在于运用每一个人的才干，把他放到合适的位置。

当他置身于一个能发挥他所长的岗位时，他会感受到被认可，感觉到某种舒畅和安全。这时候，哪怕你仍然对他提出批评，他的理解就不再是"你是在否定我"，而是"我们是在帮助事情变得更好"。

团队的意义就成立了，你们帮助彼此成功，而且不用担心谁会因此而受伤。

这些年，看过一个个鲜活的案例，越发感慨："欣赏和激发是最容易让一个人感受到被认同，被关注，被爱的方法，会最大程度上提高他的自我效能感，改变也会因此而最高效地发生。"

这是一个协作的世界，我们想实现心中最重要的那件事，从来都离不开团队的协助。**我从不相信有超级英雄，我们站在一起，才是一个英雄的团队。**

这几年来，我时常有种强烈的感受，无论怎样的团队，都还是靠人心中那一点不灭的光来守护。而这束光，是从每一个灵魂被爱，被看见，被激发，而散发出来的。

谢谢你有耐心看完这篇序言。希望这篇序言和这本书，能给你带去一些解决实际问题的思路，同时也能带给你一些温暖。

第 1 部分
管理自己

第3部分
管理老板

第 1 部分

管理自己

为什么 90% 的简历会被刷掉

因为你没有给对方一个面试你的理由。

朋友拜托我帮他的表妹看一下简历。说实话，面试了这么多人，常常有种感觉，十几年了，大家写简历的模式还是有一个共同的特点：大概率会被刷掉。

其实说难也不难，关键点就只有一个：要想着你不是等对方评判，而是要用简历给对方一个面试你的理由。

首先，"个人简介"不要罗列一堆工作技能、教育经历这些基础信息，开篇就要高能：为什么选你不选别人？可以直接写你跟同行比，有哪些"核心优势"。比如，你写过多篇阅读量10万+的公众号文章，因为你特别擅长追热点；又比如，你的优势是共情力强，特别能洞察观众、用户和甲方的情绪。

其次，"自我评价"中好学、能吃苦这种一般被归为"无效信息"，套在任何人身上都成立——没什么信息增量，也别写什么脑洞大、善于表达这种"自嗨内容"——十张简历八张都会这么写。要写面试官关心的，写你跟岗位的"匹配度"和对这份工作的"意愿度"。比如，匹配度——三年情感类公众号主笔；意愿度——可以为了写好一篇文章去看三本书，写具体、写细节。

最后，工作经历只写"做了什么"，是典型的青铜段位，钻石段位会写"做到了什么"，而王者段位则会写"是如何做到的"。

写简历、产品包装、销售文案，底层逻辑都一样：给对方一个选择你而不是别人的理由。

002

学不会来事儿，是我太清高了吗

你是假清高、真自卑。

一女生撇着嘴，跟我吐槽："现在的小女孩都这么会来事吗？我们办公室新来一个小女孩，巴结老板，给客户送礼，天天在朋友圈晒跟各种大咖的合影，我就觉得俗得要死，很不屑。"

她迟疑了一会儿，问了句："你说是我太清高了吗？"

我笑着说："你是假清高、真自卑。"

我能理解这个女孩，同样的想法，我也有过。

早年做图书编辑，经常跟一些企业家来回交流好几个月，但我从来都不跟人合影、留联系方式。当时觉得，我才不要靠这种合影来证明什么。

谢绝合影

但夜深人静，自己面对自己时，我也清楚，这种清高的背后，是觉得自己不配。

觉得自己人微言轻，给人发条拜年短信人家都不见得回，"高攀"不起，何必丢人呢？

但随着年纪渐长，我才意识到，这种想法，大错特错。

错在我没有把大咖当成一个"人"，而是把他当成了一个眼里只有钱和权的"神"。

如果把对方当成一个人，那你就会理解，人的需求就像一座楼，大咖的物质需求，可能已经到了第50层，而我们只在第5层，我们的确没机会和他谈几百万、上千万的生意。但是，人的情感需求，都是平等的，人都需要被关心、被尊重。

很多时候，我们把"价值"理解得太单一了。

有了这层意识的改变，我开始尝试着行为的改变。

记得有一次，听说一个业内很有名望的总编辑的父亲去世了。我发自内心地替她难过，很希望做点什么能让她好受一些。

但那时我很穷，也没什么能耐，想来想去，最后我搜罗了各种巧克力、糖果、饼干，然后送了她一个现在看来特别粗糙的零食大礼盒。但那是我当时能想到的最能让人感觉好一点的礼物了。

我没有想到的是，总编辑说她很感动。这大概就是我能给到的情绪价值吧。

更没想到的是，很多年之后我出书，只是一个小作者，但她作为总编辑，竟然亲自赶到现场，送了我一束好大好大的鲜花。

那天我捧着花在赶去机场的路上，忽然迸出一句话：

"人是感性的，人还是理性的，但人终究是感性的。"

我从小就自卑，怎么办

你是假自卑、真骄傲。

我直播完走出办公室，已是半夜了，一女生还瘫在座位上。

"这个月KPI没有完成。"

"我觉得是我不行，你看我们组那个同事，她就很厉害，推动能力特别强。我事事不如她，可能做不了这个岗位。"

这个女生人很聪明，工作起来也很拼命，但就是会被各种事情打击到，特别容易"泄气"。

"你看人家谁谁谁，什么都行，怎么我就不行？"每次遇到问题，她都会这么说，然后就像鸵鸟一样，缩起来。她的主管刚开始还鼓励她，但每次她都是那句话："我也想积极啊，但我从

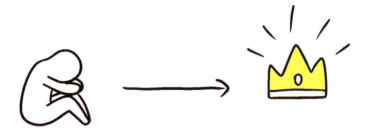

自卑激发人追求卓越

小就自卑，我能有什么办法？"

我看了看时间，打算趁着夜深人静跟她谈一谈。

"你其实不是自卑，你是骄傲。"

她看了我一眼："你可太抬举我了，我倒也想骄傲。"

"人家真正的自卑长什么样子？他们已经接受了自己不好，才不像你这样呢，有点什么打击就特别颓，他们的情绪可平和了。因为已经接受自己就是不如别人，不奢望自己应该跟别人一样好，人家这样的心态才是真正的自卑。拥有自卑心态的人往往心平气和，知足常乐。人生而不平等，他们已经看淡且认输。"

女生被我的歪理邪说震惊到说不出话来。

"你看，你就不一样了，"我继续说，"每次事情没做好，你就各种不高兴、烦躁、沮丧。为什么会有这些情绪？因为你一直觉得自己应该跟别人一样好，别人能做到的你也一定能做到。别人怎么那么厉害？我为什么就不行？我也希望更优秀！你心里一直有个声音：别人有的我也想有。像你这种人，对自己有很高的期待，想要做大事，心态上其实是骄傲的，对自己有着超高的自我期待。

"总之，假自卑和真自卑之间最本质的区别就是：前者自我期待水平高，心态上是骄傲的；后者，自我期待水平低，但人家情绪上是平和的。你，就是假自卑、真骄傲！"

心理学家阿德勒的著名作品《自卑与超越》里有句话，是说每个人都有不同程度的自卑感，因为没有一个人对其现有的地位感到满意；对优越感的追求是所有人的通性，正是这种自卑感激励人不断追求卓越，克服自身的障碍，在有限的生命空间内发挥出最大的价值。

所以啊，如果你坚持认为自己"自卑"，那就让这所谓的"自卑"推动我们永不满足、狂奔不止吧！

004

什么样的人永远不会被 PUA

无条件自尊的人。

有段时间，PUA 这个词很流行，大家用它来代指某种操控行为——通过打击、否定、贬低对方，让他产生自己不好、不配的错误认知，从而掌握双方关系中的主导权。它会让人产生一种"我很差，而且我只能依附于你"的无力感。

这种行为当然不好，一旦遇到，最好立刻起身离开。

但很多人也会苦恼，有些环境，不是说离开就能离开，成年人的生活，牵扯的方方面面很多。这种情况，怎么办？

如果暂时脱离不了环境，也许可以回头看看自己。

我们在抱怨那些擅长 PUA 别人的人时，常常忽略一个问题，有人会被 PUA，有人却不会被 PUA，同样一句话，会把 A 打倒在地，对 B 来说，只不过从风中飘过。

再多观察一阵子，会发现，那些从来不被 PUA 的人，他们身上或多或少都有某些类似的特质。

一、工作没做好时，会反省，但不自责。"这事做得的确不漂亮，我赶紧想想怎么改进，但这不意味着我这人就不行了，该吃吃，该喝喝，该睡睡，养足精神再好好精进自己。"

二、面对领导的暴怒，有道理就听，没道理就过。前辈的话，自然藏着经验，有用就收下，变成自己的养分；但前辈的话，也未必句句是真理，没道理的，听听就过，不纠结。

三、对于不擅长的事，敢一五一十地说。被质疑"你为什么这都不会"时，能坦坦荡荡地说"这个我真不擅长"，旋即再说"我比较擅长……"。人人都有擅长的和不擅长的，谁也不是全才不是吗？用自己擅长的方法把事情做成，就是完美。

四、对待嘲讽，虚心接受，"打死不改"。"胖成这样，你还好意思吃？""哎呀，不吃饱哪有力气减肥。"——我减肥是为了身体健康，而不是介意他人的鄙夷。

五、看到赞美，毫不存疑，照单全收。"哎呀，小王厉害了，太棒了！"因为做了一个漂亮的案例，工作群刷屏赞美，你头发一甩："不要停不要停，被夸得好开心。"——而不是一直摁着自己的脑袋，不允许有任何欢愉："人家不过是客气，你可别当真。"

他们可以把欲望写在脸上：我就想多拿一些年终奖，我想要挑战这个新项目。

也可以笑着表达不爽：你说得很有道理，但我听着不太舒服。

其实不会被PUA的人，他们不一定有所谓的高情商，但却有一种让人羡慕的"稳定感"，不一定总是昂首挺胸，却拥有"无条件的自尊"——不管别人的评价如何，自己的自尊水平一直很稳定。不以物喜，不以己悲，他们的内心不会因为别人的看法而波澜起伏，而是永远有着自己稳定的频率——"别人赞美我，挺好；别人否定我，也没什么大不了"。

他们做事，只是因为，想要把事情做好。

如何面对隐性职场 PUA

建立并坚持你的核心优势。

虽然虚心听取过来人的建议是好事，能少踩坑、进步快，但有一类"过来人的建议"不建议听，就是那种不断戳你的软肋，用你的缺点打击你，以此来树立他自己的权威。

比如，你明明是技术岗位，你的优势是过硬的技术，但这些"前辈"从来都无视这些，他总以他的标准和他擅长的点来教育你，比如提醒你，"你的社交能力不行，得提升"，然后让你去接待客户。

又比如，你明明"对文字敏感，点子多，有创意"，他却总盯着你"数据能力不行"，常常语重心长地告诫你，没有数据能力，文字功底再好也没用。

人很容易被"戳中软肋"，于是你忙不迭地认错，觉得他比你懂，按部就班地照着他说的做。但这里面却有三个隐藏的"坑"：

第一，长期被指责，放大缺点，没有正反馈，你的自信会被摧垮。你会觉得自己什么都做不好，什么都不如人，更加束手束脚，形成一个向下的螺旋。这会消耗你极大的心力。

事实上，每个人都是在正反馈下才会积极行动，一个被积极肯定的人，才能持续交付出更好的结果。

第二，你把时间都花在补短板上，但补短板的效果其实很差。有很多人常常觉得自己成长很慢，原因就在于此。

美国一所大学曾做了一个为期3年的研究：研究人员对1000多名读者的阅读速度和理解能力进行了测试，最后获得了一个戏剧性的结果。实验中，有两组人：一组是一般的读者，一组是有阅读天赋的读者。他们跟着同样的老师学习了快速阅读的方法。一般读者每分钟多读了260个字，表现增加了近2倍。但是，有阅读天赋的读者每分钟多读了2900个字，增加了近10倍。这个结果让最有经验的研究人员都大吃一惊，因为一开始几乎所有人都认为，水平较差的读者的进步会更大。

事实上，在你的优势领域花力气，效率才是最高的。

第三，哪里不行补哪里，会阻碍你成功。要知道这个时代，工作上的短板是可以通过团队协作解决的，你需要做的，是确立自己的优势。因为优势才是你的核心竞争力。

我有个朋友，是国际 CEO 猎头，她面试过 4000 位顶级 CEO 候选人，最后发现：这些精英在其他领域都很普通，但他们之所以能成为顶级的人才，是因为他们把自己的一两项核心优势，发挥到了极致。

每天我们都会通过各种渠道，见到各种各样有才华的人，也会被提醒各种不如人的地方。为了不让自己落伍，我们亦步亦趋地努力学习别人。只有经历过一些事情才会发现，在追逐自己并不具备的才华的过程中，我们丢失了时间，迷失了自己。

但我写这些，不是为了让你去怪罪那些总是戳你软肋的人——他们也许是父母，跟我们之间的情感千丝万缕，伤害他们总会有反作用力伤到自己；也许是领导，如果你冲到他面前大喊"你这是隐形 PUA"，对自己没什么好处。

不如调整自己，练就一副金刚不坏之身。如果再遇上那些所谓"善意"的建议，不妨用这样的姿态来对待：

"如果我要逼着自己成为别人，那到头来，我谁也不是。我欣赏他人的才华，但我也有自己的坚持。"

006

学历低＝能力低吗

谁都可以这样想，但你自己不行。

一个不常见面的朋友忽然发给我一个链接，是一个热搜话题，有一个 HR 刷掉一个面试者的时候说"考不上本科是智商问题"。朋友被刺痛了，这段时间他正在换工作，被一个大厂拒绝了，因为他不是从 985 高校毕业的。

"我感觉自己的经历跟这个热搜差不多，被贴了学历不够就是智商不够、能力不够的标签。"

学历比能力重要吗？没有拿到好学历，这辈子就完了吗？

用人单位可以这样想，关心你的爸妈可以这样想，你自己，万万不能这样想。

第一，我们从小接受的传统教育，就是用同样一份考卷筛选出一批人，在一个规定好的轨道上训练规定好的技能。考上本科，就是在既定轨道上，遵守游戏规则而胜出的能人。

但是，这不代表全部。因为你，可能是不适应这个游戏规则的那个人。

第二，学历最有效的地方，在于人们会以此为凭据，对一个人的能力形成一定认可，他们更容易把机会给到这个人（比如工作 offer）。比起学历不够的人，这个人也更容易自信，更愿意争取大项目，做得不错时会肯定自己：嗯，你看我学历高，果然能力不错。

但别忘了，我们其实看过很多"没有学历而获得成功"的案例，比起没有学历同时很失败的人，他们多了一样东西：对自己能力的信心。

我工作第二年升职做了主管，管理比自己年长的员工，跟大牌作者合作。同事问我，你是怎么做到在老板咆哮时、在客户刁难时，还能淡定应对？

记得当时我（假装）镇定地跟她说，Fake it until you make it（一直假装下去，就成真的了）。

同事一脸嫌弃，啊，这不就是心理安慰吗？

也是，也不是。心理学中有个概念叫作"皮格马利翁效应"，说一个心理学家从新生名单里随机指定了几个小学生，跟学校老师说这是未来比较有潜力的孩子，同时也透露给了这几个

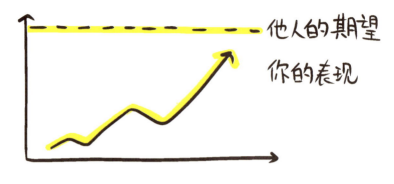

皮格马利翁效应

孩子。到了期末，他们都成了优等生。

　　"名分"和"事实"的关系比我们想象的还要复杂。如果你能按照"积极的规则"去塑造，在这个过程中，你的"积极"会有结果。

　　所以，在学历和能力之战中，不管外界对此有多么根深蒂固的偏见，你对自己，不要有。

　　学历只是过去20年的一个阶段总结，未来至少还有60年的实实在在的人生，在等你"创造"。

　　既然都写到这里了，我就索性把那句鸡汤也端出来吧：如果人生是一场马拉松，你还会在乎开头那几百米吗？

入职新公司，怎么才能最快融入

像写产品说明一样，写一份"个人使用说明书"。

先说说不够好的自我介绍是什么样吧。

我们公司大会上，近 20 个新员工做了自我介绍，我努力听，结果一个也没记住。

"请大家多多关照""我能帮上忙的尽管找我""我喜欢撸猫，剧本杀可以叫我"……每个人说得都千篇一律，有种苍白的客气。

参加各种活动，很多人也在重复着这种苍白，"感谢主办方邀请我""我叫某某某，我现在很紧张"。

说者努力地表达，听者努力地听，结果谁也没有走向谁，还是各自站在原地。

创新力	内驱力	分析力
90分	80分	65分
擅长活动策划	全身心投入	数据分析能力弱

XXX的使用说明书

个人使用说明书

但快要结束时，有一个男生让我记住了他，那是我听过的最清晰的新人介绍。

他是这么说的。

"我想跟大家说下要怎么更好地'使用我'。我的'创新力'很强，所以能给各部门的活动策划献计献策，但希望大家不要嫌我太发散，在我天马行空耽误大家时间时，可以毫无负担地打断我。

"我的'内驱力'很强，如果兄弟部门要找我合作的话，一定要告诉我做这件事的意义感，比如'让用户真的在变好'，比如'让人们感受到快乐'。一旦被意义感召，我就会全身心投入，但如果只讲 KPI，跟我说，必须做，没有理由，我就会缺少斗志。

"最后，我的'分析力'比较缺失，统筹、数据分析这类工作我可能帮不上什么忙。所以我会在最短的时间内找到公司里有分析力的伙伴，做你的跟屁虫，在我思路不清楚的时候，求助你，当然，我也可以贡献我的创意，跟你交换。"

他竟然给了大家一份"我的使用手册"，用最短时间让别人知道该怎么"配合自己""用好自己"，就像一个商品表面，写好了该如何使用、哪种情况下有副作用，等等。

也许有人会觉得，这样，也太把自己当回事了吧。

不，事实是，这太棒了。

很多职场人以为工作就是"不得已"，只能想方设法地"配合别人""试探别人"，所以我们常常委屈自己，满足对方，一边又哀叹自己就是一个职场小透明。

这时候，你对自己的了解越深入，描述得越具体，别人就越会认真对待你，哪怕你心里觉得难为情，哎，怎么会有人这么把自己当回事，但一边也会有一种"不能忽视这个人"的感觉。

职场最让人头疼的是配合问题。我们常常跟同事发生争执，彼此观点不同，没办法达成一致。很多人以为这种不一致是"没有沟通清楚"。但事实是，分歧不是因为我们不擅长沟通，而是因为我们不同的思维方式导致了沟通不畅。

我们没有读心术，只能通过对方的行为和语言推测别人的动机。然而，这实在太容易造成误会了。

这时候，当每个人都展示了自己的"使用说明书"后，一对照就能发现，有信念驱动的人关注未来和大局，但常常忽视细节；而有目标力的人，死死盯住眼下的问题，却会忽略长远规划。在看懂彼此之前，他们俩看不惯对方已经好久了。

理解了我们的"冲突"在哪里，才能有效解决冲突。

信息越透明，就越高效。

这是一种非常积极的思考方式。当你看懂了别人的"使用说明书"，出现冲突和矛盾时，第一念头也不是指责和放弃，你开始建设性地思考，我是不是没有"用好他"，我要如何"接纳和用好"这个人。而你也渐渐发现，别人对待你的方式也在改变，在他们眼里，你不再是一个"难搞""龟毛"的人，因为你的"使用说明书"上早就写了这句话。

"我对细节有极致的要求，请忍耐我的吹毛求疵，因为它，帮我们拿下过很多次超高的用户体验。"

哪怕看着还是有点不爽，但没关系，使用好你，就能获得超高的用户体验，权衡一番，自动下单。

每个人，都自带答案。

被天才"吊打"了，应该怎么办

认怂。

一男生终于如愿以偿，拿到了心仪公司的 offer。我问他，感觉如何？

他叹口气说："你有过被天才'吊打'的经历吗？我们公司那些大神，随便说起自己的过往，都是什么'10 天背 6000 个单词考上浙大，我这么临时抱佛脚都考上了，那些闷头看书的能不能用点心'。我在旁边，大气不敢出，因为我就属于闷头看书也追不上他们的那类人。最近要考职业证书，也没见他们怎么复习，但个个都是一次通过，我白天上班，晚上熬夜背书，已经挂了一次了。"

我认识这个男生好几年了，他很用功，有时候甚至有点"过分用功"。

我想了想，问他，你想"吊打"天才吗？

他眨眨眼，想说"想"又不太好意思。

"'吊打'天才最好的方式，是认怂，"我说得特别正经，"他们过目不忘，一目十行，只能说明这是适合他们的学习方式，但绝对不代表'啃书本'是唯一的学习方式，你得先承认，这种方式你就是做不来，别死磕。这一步很重要，因为你只有认怂，放弃这条路，才会去找其他的路，也就是去找适合你的学习方式。

"这个世界上肯定有人一看书就梦游，就像我们公司的编导，是传统意义上的'学渣'，但他却有个更快、更准的学习方式，那就是'跟人学'。他听到别人讲话逻辑好，就去问，请教技巧；看到别人方案做得好，就去模仿；甚至他的普通话都不是从语文书上学的，而是看《还珠格格》学来的。"

男生想笑，憋着，半信半疑。

我知道他在想什么。

"别以为这不过是工作中无关痛痒的小事情，不知道自己属于什么学习风格所带来的麻烦，远超过你的想象。"

再讲个小故事。

美国第 34 任总统艾森豪威尔担任欧洲盟军最高统帅时，媒体都很喜欢他，因为不管记者提出什么问题，艾森豪威尔将军都对答如流，不管是多复杂的政策，他都能三言两语把事情说

读者型

听者型

领导的"风格"

明白。十年后，艾森豪威尔当上了总统，却发生了一件奇怪的事情——当年对他十分崇拜的同一批记者，这时却公开瞧不起他。他们抱怨这位总统从不正面回答问题，而是喋喋不休地胡侃着其他事情，就算回答问题，也是语无伦次，甚至不合乎语法。

难道艾森豪威尔遭遇了什么重大事故吗？当然不是，最大的问题，是他不知道自己的"风格"是读者型，而不是听者型——他是靠阅读来获取信息，而不是靠"聆听"。

当年他担任欧洲盟军最高统帅时，他的助手会在记者招待会开始前半小时，想方设法地把问题以文字形式呈现在他面前，这样，艾森豪威尔就通过阅读，完全掌握了记者提出的问题。后来他当了总统，轻而易举地放弃了这个习惯——因为前面两任总统，罗斯福和杜鲁门，都是"听者型"，他们完全不用准备，在记者会现场临场发挥，畅所欲言。艾森豪威尔可能认为他必须按照前任的做法"当总统"，于是他不做任何准备就进入记者会现场，然后，他甚至连记者们在问些什么都没听清楚。

这个觉察对我的帮助很大，在给重要客户提案时，我会准备一份纸质材料，然后根据现场观察，决定要着重对谁进行一次"语言交流"——而很多时候，客户们自己都不清楚自己的"信息输入方式"，这极大地提高了我的沟通效率。而我发现，我的合伙人更擅长听，同样听一个信息，我的效率明显低于他。以前我还一度觉得是自己比较笨，后来我才意识到，我更擅长通过阅读来吸收。我们俩同时开会时，我会要求提前把材料发给我，自己花时间阅读。这样，当同事们在会上用语言陈述时，我就会跟大家有同样的"输入"效率了。

一个人的学习和工作方式，是由天性决定的，"吊打"天才的方式，就是找到属于自己的方式。因为天性之下，人人都是天才。

009

在外向者更吃香的社会，内向者靠什么

靠"内向"。

一个女生问我："你嫉妒外向的人吗？"

我没反应过来，她自顾自地说："他们嘴甜会说，从小就被人抢着抱；长大后侃侃而谈，到哪儿都是全场的焦点；我可能要写一大堆方案才能取到的结果，好像他们一句话、一口酒就搞定了；我心心念念很久的一个男生，他们撒个娇就追上了。"

嗯，从这个角度来说，的确是，外向者看上去更吃香。

我也曾经努力装得外向，多参加聚会，跟人聊天。但太累了，跟人打交道，对我来说就是在耗电。你知道吗，有天我参加完聚会，后脑勺疼，就跟被人打了一顿似的。上一次后脑勺疼还是中考时数学来不及答题，太紧张。

我在门口穿外套，看着外向的同事们精神抖擞，像是刚充满电，当时真觉得，老天太不公平了。

一边回想这段往事，一边问女生："你说，学着外向这么累，为什么还要做呢？"

"因为外向好啊。"她想都不想就回答我。

是的，以前我也这样以为，从小我妈就这样告诫我："你这样内向，恐怕在社会上会吃亏。"于是我很努力地，想要变成一个外向的孩子。

但我花了很长很长的时间，才终于接受一件事：

"性格没有好坏，它就像跟你一起出生长大的朋友，我们的责任不是妄图改掉它，而是帮它找到它的长处，找到适合它发挥的方向。"

虽然不善言辞，但却懂得倾听，哪怕朋友不多，但个个都很长久；我们对别人的情绪总能感同身受，并给予恰当的反应——这太难得，有多少人根本不懂什么叫作共情。

虽然不够活跃，反应没那么快，但思考审慎，谋定而后动。一旦决定，就会负责到底，件件事都有着落，大家提到我们，会说，"哦，她啊，很靠谱"——你知道吗，靠谱，是职场最宝贵的品格之一。

我们要做的第一件事，是认同自己的特点——因为如果连自己都不认同，那你每天的精力都会花在自我怀疑和模仿别人上。

之后，再给自己创造"自在生长的空间"。

比如你想关心别人，不擅长当面说，那就发微信。谁又规定表达情感只有一种方式呢？

你知道吗，镜头前鬼马的周星驰，私下极度害羞，《大话西游》的导演刘镇伟说："拍《大话西游》时，有次收工周星驰想跟我谈戏，还偷偷往我酒店房间门下塞纸条。他经常被人误会耍大牌，其实他非常害羞，平时害怕接触陌生人，不够主动，所以容易被人误会。"

比如你没办法快速给出方案，就大大方方地告诉别人，我需要一点时间深度思考——又不是跑步比赛，谁规定，5分钟之后想出方案的就是冠军呢？

很多著名的企业家都很内向，这才给了他们更多可以专注思考的时间——因为够慢，所以想得才够深入。

性格从来没有好坏之分，就像有些人需要百老汇的聚光灯，而有些人只需要一张被照亮的桌子。

自己是自己最好的朋友，记得帮你这个朋友，找到最适合他的光。

时间就这么多，我到底学哪个

有计划地无知，有选择地放弃。

一男生最近的烦恼，来自不敢停下来。

"每天打开手机、电脑，信息扑面而来。有人说：直播火，赶紧做。但也有人说：直播是泡沫，是割韭菜。有人说：30岁要追求稳定。但也有人说：梦想才是最重要的，人生就是要折腾。"

我忍不住笑，怪不得有人说，看了太多的人生指南，一个不小心，反而找不到北了。

我们其实并没有自己以为的那么"被动"。

信息越爆炸，就越要主动做减法；越是不知道如何下手，越要敢于舍弃大量的与你无关的信息，做少而准确的事。

《铁齿铜牙纪晓岚》的编剧史航老师说过一句话，人要有计划地无知，我很喜欢。他不懂股票，不懂房产，不会开车，也不懂外语，不是因为那些不好，而是因为那些不是他的优势。他的优势是人文，是英国历史，是创作，是 7 个月读 130 本书。但能把所有精力都放到发展优势上，是靠他放弃得来的收获。

他说："我不开车，打车的时间可以用来看书。因为脑子的空间就这么一点，你少放一点无关的，就能多放一些有用的。"

林语堂先生有句话：生之智慧，在于摒弃不必要之事。

时间是这个世界上最公平的存在之一，我们要最大限度地去成就真正重要的事情。

男生听着很羡慕，想了想，又问我："那我怎么才能知道哪些事情是对我真正有意义的呢？"

——你看，我们花了很多时间焦虑，却很少花时间仔细认识自己。

我有一个多年来屡试不爽的四字法则，也许可以试试："强想忘爽"。

你做一件事，感觉自己很**强**大，哪怕别人不同意，你也有信念坚持；总是忍不住**想**做，做的时候感受到心流，**忘**乎所以，做完觉得很**爽**，虽然辛苦，但总想着什么时候再来一次。

这个时候，这件事，就对你有意义。抓紧它，持续练习，它会是你的那条路。

专注是这个繁杂时代的一种稳定，而稳定，最有力量。

你知道自己的核心竞争力是什么吗

一个人的核心竞争力，来自知识、技能和优势的交集部分。

一女生跳槽，去面试了一个心仪的岗位，却被面试官问蒙了。

面试官的问题是："你觉得你的优势是什么？"

"唉，我觉得我自己像瓶万金油，就是什么都会一点，PS 还行，英文也能说点，做过几个项目管理。但说到优势，好像又什么都拿不出手，不甘心啊，28 年了我都没想明白我有什么优势，这就是现在流行的说法，没有核心竞争力。"一女生遭遇了面试滑铁卢，跑到我这里倾诉。

我看着她，忍不住说："你有很强的共情力啊！"

女生一脸疑惑："啥？共情力？"

"对啊，你知道我胃不好，自己喝冰啤酒，却给我带了一瓶常温的水；你面试完心情那么差，关我车门的时候还是那么小心翼翼；一边吐槽，一边还忍不住捡起了车座上的一张小纸屑。我猜，就是这一件件小事，让你的同事们愿意和你交心，因为最失落的时候，你总是最懂他们；让客户愿意选择相信你，因为你事事有交代，件件有着落，你不忍心让别人记挂着急；也就是这一件件小事，让我这大晚上的愿意跑出来给你出谋划策。这些对你来说毫不费力，但别人却要费尽心思的小事，不就是你的优势？

"把这个优势跟你的日常工作结合，你可能就是那个一眼就能看懂客户需求的销售，或是最容易被同事信任的主管，困难再大，你的团队都不离心。这，就是你的核心竞争力。"

一个人的核心竞争力，来自知识、技能和优势的交集部分。知识并不稀奇，从学生时期，我们就开始学；技能，通过日复一日的工作也可以练习；但却有很多人，知识、技能都不错，可就是坚持不下去，总是换工作——因为少了优势的加持。要做到卓越，要做到有毅力，持续不放弃，必须符合你的优势，因为优势是你对外部世界稳定的感受、反应和行为模式，它是天生的，是发自内心的。

找到三者的交集，那就是你的核心竞争力。

每个人都有，但很少有人发现。

我想要 A，但他们都说应该选 B，我该听谁的

比起做选择，找原因更重要。

在我收到的所有职场问题中，占比最多的是一道选择题：我应该那样做，但我，想要这样做。

比如，"我应该等到年后再辞职"，但是"我想现在就离开"；"我应该陪在家人身边"，但是"我想出去闯一闯"。

其实我们绝大多数人，身体里一直都有这两种声音，一种叫"我应该"，一种叫"我想要"，有意思的是，这两种声音每天都在打架。

"应该"是一种标准，"我想"是一种本能，多数时候，我们都会选择"应该"——这样更像文明人，更体面、更理智。

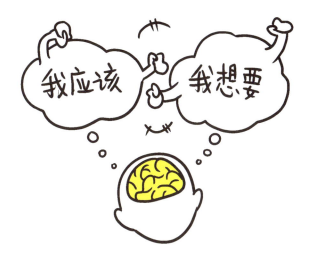

身体里的两种声音

但其实，"应该思维"是对自己的"残忍"。

你还记不记得小时候，你跟长辈说"我吃饱了"，你听到的最多的一句话是不是"别，还剩最后一口"，或者"你根本就没饱"，然后你说"我真的吃不下了"，长辈就会说"非洲还有很多小朋友在饿肚子""农民伯伯种地很辛苦，你怎么能浪费粮食呢"。于是你接受了自己"应该"吃完这个设定，不然就是浪费粮食——你开始不相信自己"吃饱了"这个本能感受。

后来又有一次你因为某些事哭了，长辈说"这点小事有什么好哭的""大孩子了，要坚强"。于是你开始不相信自己的"情绪"。

再后来，你进入社会，业绩压力大，连续没睡好，导致你一次发挥失误了。老板说，这点小事你都做不好，你这抗压能力不行啊，你看看人家！你接受了职场人就该硬扛的规定。于是，你全方位地否定了自己的能力。

最终，我们变成了一个依赖于外部评价，去确定自己价值的人。

但别人看不到的是：

你不吃了，是因为你真的吃饱了；你容易哭，不是因为你懦弱，而是因为你天生感性、情绪丰富；你业绩没做好，会不会是因为那个岗位，根本发挥不了你的优势。

仅此而已。

其实每个人都能感受到自己想要什么，可我们选择不正视、不相信。

当"应该"和"想要"冲突时，我们忙不迭地压制住自己，去扮演一个理智成熟的"别人"。但真要对自己负责，就别急着做选择，而是去思考：

1.我的真实感受是什么？

2."想要"和"应该"之间的这种冲突，原因是什么？

这是一个绝好的思考人生的机会，千万别让它轻易溜走。

最后，祝你总有能力，把自己的"想要"变成最好的选择。

为什么我升职比别人慢

可能因为你还是学生思维。

一次新员工培训，有同事问我，影响职场成长速度的最关键因素是什么？

我想了想："一个人在职场的成长速度，取决于你抛弃学生思维的速度。"

至于什么是学生思维，当时我举了三点，让现场的同事们自查一下。

第一，埋头单干。

我们在学生时期，只要一个人埋头苦学，就能考出好成绩。这让很多人误以为，工作也只要埋头做事就行。

但事实是，进入社会，不懂得合作，是做不了任何事的。

我一个老板朋友跟我说："最近我招了个销售主管，本来想让他帮我分担，结果我变成了他的秘书。这个家伙跟兄弟部门争取资源，从来都是没说两句就吵翻了天，然后让我去协调。每次找他谈话，他都跷着二郎腿，说我只要能销售就行了，什么沟通，都是虚的。"很多职场人，都只在乎自己的"专业能力"，觉得"沟通协调"这种软技能不重要。

这就是学生思维的单一表现。

《潜意识》里有一句话，我们通常以为人的首要特征是智商，但真正的首要特征是社会智商。人类这个物种能取得这么多的成就，理解和合作能力是首要因素。

一个总有能力推动团队前进、总有办法跟任何人达成愉快合作的员工，意味着他能理解人和人的不同，而且还有能力处理这种不同。

第二，拼命补短。

我们学生时代讲究平均分，数学 95 分，差不多了，赶紧去补那个只有 55 分的语文——它才是拉低平均分的关键。补短思维强调的是，哪里不会补哪里。

但商业社会，规则可就变了。不求德、智、体、美、劳全面发展，商业社会交换的是价值，你值多少钱，取决于你最突出的那个价值，也就是你的长板。你去面试一个文案岗位，面试官不会看你的简历里 Photoshop 技能四星、英语四星、文案五星，他

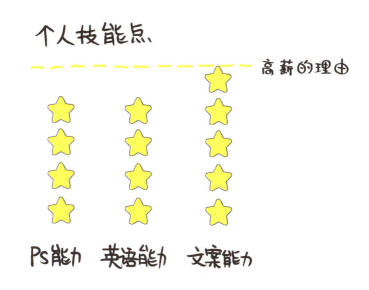

长板决定高薪

给你开高薪的唯一理由，是你凭借你最擅长的文案，取得过多好的成绩。

我认识的所有成功的人，都是长板长到变成了一个尖，绝对不是一个圆滚滚的平均圆。

习惯了"盯着短板拼命补"的人，可以试试用优势去补劣势，比如，你想提高项目管理能力，但是你的目标感比较差，所以不要逼自己定个闹钟，每天啃两页《项目管理大全》。但这不代表你不能提高管理能力。如果你的交往力和行动力都比较强，找一个厉害的项目经理带带你，跟他学实战，直接上手干——两点之间最快的路径不是直线，而是阻力最小的路径。

这才是专属于你的成长路径——别忙着成为更好的"别人"，记得找到自己的道路。

第三，被动成长。

有一次，我们一个资深产品经理转正答辩，他说试用期最不舒服的地方，在于安排了太多工作给自己，最终导致精力分散，没有取得相应的成绩。

我们执行总裁说，这肯定有公司的责任，但如果你已经是一个成熟的职场人，那么你的工作职责之一，就是主动提出自己的职业规划，把自己的诉求跟公司做匹配，而不是等着被安排、被动成长。

其实很多人都有被动成长的思维模式，我们从小被安排惯了，一步步考试读书，被老师和家长管着，都是在既有轨道中前进，但是进了社会，游戏规则变了。你知道吗？你是可以不被安排、不被管的，你甚至可以反向管理你的老板。

最终你能得到多少，取决于你争取了多少。

桑德伯格在《向前一步》里说过，社会财富从来不是被分配的，而是需要人们去主动获取的。

解决这一切问题的最重要的前提是，先看到问题。

怎样才能消灭自己的缺点

缺点的另一面，通常是你的"优势"。

讲个小故事：我们公司有两个销售，资历差不多。但楚楚一个月业绩 30 万元，琪琪一个月业绩 4 万元，为什么会差这么多呢？说出来你可能不信，因为她们俩的优势一样：两个人对客户都有很强的同理心。她们俩都有天生的"情绪探测雷达"，能很准确地对别人的情绪感同身受，但有意思的是，当她们被客户拒绝时，两个人的反应却完全不一样。

琪琪一下子就能捕捉到客户的不满，她会感觉到被否定、被指责，觉得自己得罪了客户，"都怪自己不够好"，然后紧张得话也讲不清楚，气场全无。她说，感觉自己常被客户的情绪给"挡住"了，她特别讨厌自己这种敏感的性格。

而楚楚跟琪琪一样，她也能感受到客户的不满，但不一样的是，她还能"穿过"这层不满情绪，去感受客户真正的需求。"客户的需求不是不想买，而是要买合适的，那怎么才合适呢？"楚楚开始把思考的重心放在客户真实需求的问题上，而不是对抗客户的不满情绪上。她很感谢自己的敏感特质，能让她准确把握客户需求，还能照顾客户情绪。

同样是同理心强，用不好就变成了"情绪化"，但用得好，就成了我们常说的"情商高"。

曾经有心理学家做过一个实验，让人们在一张纸的左侧写上"自己的缺点"，右侧写上"自己的优点"，人们发现，左右两侧，往往是同一个特质带来的不同表现。

比如，负责任，敢于做决策，也可能是控制欲强；思路清晰，条分缕析，也可能是情商低，只关注事不关注人；冲动，不经思考，也可能是行动力强，说干就干。

我们要做的，是认同自己的"特质"，通过刻意练习，把本身就属于我们的特质，不断优化，让"情商高"出现的频率远高于"情绪化"。

职场慢性子怎么逆袭

很多事情，慢慢来，比较快。

一个女朋友，没头没尾地跟我说："我这种人，这辈子都赚不到什么大钱了。"

我一下子没反应过来："啊？"

"就是我做什么都比别人慢。小时候玩游戏，别人都跑出去了，我还在琢磨游戏规则；考试时我永远都是最后一个交卷；现在可好，我还在分析房市、货比三家的时候，别人已经在买第二套房了；我还在纠结项目前景和策略的时候，同事已经把这个项目抢走了。"

"从小到大，你听得最多的是不是就是'别想了，等你想明白饭都凉了''行动才出真知'。"我打趣她。

女孩哭丧着脸："但我真的想变得跟他们一样手起刀落啊！"

"不可能，因为你还是会忍不住，想去'分析'。"

女生一副被人戳中心思的表情："真的，不自觉地就会开始归纳逻辑，大脑里好像有一张思维导图，总觉得事情不想清楚，怎么可以这么草率地就去做了。那我到底怎么办？现在社会节奏越来越快，人家都是一脚油门，轰的一声就飞出去了，我就只能在后面看他们的后车灯。"

我想了想，总觉得这个比喻哪里不太对劲："那你能想象一辆车只有油门，没有刹车吗？"

女生看着我，安静了下来。

行动力强的人，就像油门，你只看到他们冲得快，但你没看到它刹不住、掉坑、翻车的时候。而分析力强的人，擅长把风险全部考虑清楚，知道哪里有坑，刹得住车。这样的你可能不快，但很稳啊，这就是独特的优势。跟人合作时，你可以承担军师或者顾问的角色，提供策略，提示风险；自己做事情，想清楚再加速干。

而且，人生又不是百米冲刺，很多事情，慢慢来，比较快。

为什么我的努力总没有回报

因为你一直在努力地成为别人。

时不时地，总会有人问：为什么我的毅力这么差？

看到别人的领导力强，升职加薪，你就去买《如何快速提高领导力》，试图变成办公室里那个说话最有分量的人，却忽略了自己更擅长思考，不喜欢表达。

看了两个励志短片，就赶紧把各种时间管理、认知升级的课塞进购物车，想着"要重新做人"，却从没想过，要"重新做谁呢"？

得知同事通过直播赚了第一桶金，心想我也要干，设备还没买齐，热情就消失了一半，因为你忘记了，自己从小就不爱抛头露面。

坚持就是胜利

如此努力，最多三天，接下来就是——躺平。

这样的努力，叫作间歇性努力。

早些年我做图书编辑，认识不少"著名作家"。外界看到的是，百万畅销书，万人追捧，风光无限。我们看到的是，写不出稿子时揉乱了的头发，忘记剃的胡子；是把自己关在房间里，写不完不出门的蓬头垢面——但最后能写出来的，都有一个共同点，就是他们一直在写。

我看到太多在过程中就放弃的——一本书稿写了一半，失去了兴趣；也有一本书出版后没有反响，就再也不提笔的；更多的是，因为各种理由——比如没时间而放弃写作的。

那时候我懂得了一个道理：如果你真的想要做一件事情，那么就算障碍重重，你也会想尽一切办法去完成它。但若你不是真心地想要去完成一件事情，那么纵使前方道路平坦，你也会找出一切理由阻止自己向前。

那些最终能站到人前的，没有什么秘诀，就是喜欢加坚持。

他们更努力、更坚持，不是因为他们意志力有多强，而是因为他们把"努力"用在自己"擅长和喜欢的事情"上，这是一切的前提。是这个前提，让你能日复一日地努力，让你在成功时云淡风轻地说出"没什么一击即中，都是千锤百炼"。

因为喜欢，你能在失败了一次、两次、三次时，站起来抹抹眼泪继续干；因为擅长，你学得比别人快，能持续得到正反馈，而这个正反馈，会激励你继续把努力用在喜欢和擅长的事情上，你的人生会进入一个正循环。

而无视自己擅长的，一边跟风成为别人，一边困惑"为什么我的努力总是没有回报"的人啊，你只是"擅长努力"罢了。

年底跳槽会亏吗

亏不亏，取决于你跳槽的姿势。

有个女生来找我，想辞职，但是还有一个月就能拿年终奖了，现在走觉得亏；不走呢，又觉得不适合，每天上班跟上坟一样。

纠结半天，一咬牙，跟我说："那就再熬一个月吧！"

"不，再'拼'一个月！"我劝她。

在最后一个月，把自己当成一张白纸，抛下过去对这家公司的所有成见，重新学习怎么做好这份工作。不管是抱怨公司制度有疏漏，还是一直想尝试新策略却又顾虑重重，趁这一个月，拼一把。做一个建设性方案跟领导提，领导优柔寡断，就越级跟老板提——反正都要离职了，怕什么？

跟同事沟通不畅，就破釜沉舟约他深谈一次，被拒绝，起冲突，拍桌子吵起来又怎么样？把话说清楚，把你想做的那件事，用力推进一把，排除所有干扰因素。

你心里就想，干完这票就撤，但要干得漂亮。

女生问我，这样还有意义吗？

有。

第一个意义，这样"最后一搏"至少可以帮你确定，到底是这工作不适合你，还是你没有用适合的方式去工作，导致你干得不开心。也许，这"破坏性"的尝试，能突破你一直以来的天花板。

第二个意义，这样做了，哪怕拿完年终奖离职，也不至于留下"摸鱼"的口碑。拿一天钱，就尽一天力，江湖不大，圈子更小，我们不知道何时又会相见。自己也更问心无愧。

生活的意义是以自己喜欢的方式活着并努力地坚持。离职前的我们，在很长一段时间里，都失去了这种意义感。可以撤，但别当逃兵，永远把意义感抓在自己手里。

职场必须少说话、多做事吗

会说话本身也是一种实力。

有个勤恳负责的男生跟我抱怨，说自己老板偏心。

"我觉得我各方面都比另一个人好，但老板还是选了她当经理，可能我是那种'动手'做了 100 分，但只会'说' 50 分的人，她呢？她就会'说'。"

很多人都有这种困扰，做得再多，不如会说。但问题没有这么简单。

解决问题，一定要动手吗？

试问，你为什么不愿意动嘴？真的是因为口才不如人？

还是，你心里觉得主动汇报工作像在邀功，所以你总是等到老板问起才说？

但其实，每次等老板想起来，问你"做得怎么样"时，潜台词已经是"你怎么还没做好？"

——永远不要给老板惊喜或者惊吓，要主动汇报工作，而不是"被动应答"。

又或者，你总觉得说好话像在拍马屁，所以每次老板、同事问你"觉得这个方案怎么样"时，你没有一句肯定，只提"负面意见"，力图一针见血。

没错，看上去你对"事"是很负责，但却忽略了"人"的需求。

男生很困惑："人的需求？"

对。其实每一个人，都需要"好的确定性"，所以你以为那些"光说不练"的同事没有价值，但也许他很擅长"说好话"去给大家确定性、调动大家的积极性。你知道吗，这也是职场素质的一种体现。

既要凭实力说话，也别忘了"会说话就是一种实力"。

工作一个人搞不定，可以找人帮忙吗

借力也是能力。

临要直播，我才想起，直播大纲还没敲定。追问起来，负责的同事这才支支吾吾地说："我对内容还不熟悉，进度有点慢了。"

我看了一眼大纲，这何止是不熟悉，基本等于什么也没写。

我一着急，大发一顿火。他的主管拉拉我："他刚来，也算是尽力了。"

我问主管："为了保质保量地完成工作，他找过你帮忙吗？"主管摇摇头："但他很认真，自己闷头加班了好几天。"

这话更是火上浇油："这就叫作没有尽力！"

后来我们几个人临时赶工，好不容易才把直播顺利做完。

我把主管和那个男生都留了下来，给他们讲了一个故事：

一个小男孩在院子里搬一块大石头，他爸爸在边上鼓励他：加油，只要你全力以赴，你一定能搬起来。可因为石头实在太重，孩子搬不起来，于是就说："我已经尽力了。"然后他爸说："你没有尽全力，因为，你都还没找我帮忙呢。"

男生欲言又止："但是找别人帮忙……"我知道他想说什么，因为我也是从那个时候过来的。

我记得刚入职场时，有一次要出一篇行业分析稿，每个编辑都要出一部分，我被分配到的是关于体育行业的。我一看，这我哪里懂啊，时间又这么紧，于是我找了体育行业一个关系特别好的记者，帮我完成了这部分。稿子评审会时，好几个同事交不出来，因为大家都在认认真真查资料，线索太多，还需要好好梳理。我当时心里慌急了，那种感觉就像是，在一堆好学生之间，只有我不务正业，投机取巧。

让我大跌眼镜的是，老板看了我的稿子，非常高兴："又快又好！"

同事们不屑地说："原来假手于人也行啊。"我脸红得抬不起头来。

老板看了他们一眼，说了一句话："借力，也是一种能力。"

同事们不以为然，但我牢牢记住了这句话。

我们很多职场人，就像那个搬石头的小男孩，特别努力地解决问题，努力地扛起责任，唯独不会"努力地去借力"。

原因之一，是想不到原来还可以借力，或者是从心底就不认同借力这种方法。

觉得这是我自己的事，麻烦别人，显得我多无能——但真要说无能，是你一个人忙活了半天，事还没做好。

除此之外，人们对借力不以为然，还有另一个原因：不知道怎么借力。

借力可以靠"说"，借力也可以靠"做"。

我们有个运营同事，原来做线下活动，人手总不够，自己吭哧吭哧做，干不动了才找别人说：我这边做个活动，想找你帮忙借两个人。

然后别人各种为难，他也觉得委屈，后来我让他换了个方法。

在活动前期，找到要借力的人跟他说："嘿，我这边有个活动，可以帮你们多涨 2000 个粉丝，只要你们出两个人就好了。"

把"我找你帮忙"，变成了"我来帮你的忙"，真正的借力，不是求助，是互助；不是剥削，是告诉对方，我来给你送福利了。

跟不同的人借力，就要给不同的人一个无法拒绝的理由。

还有一次，我看到我们的文案组需要搜集大量的案例作为写作素材。其中有一个同事，边吃外卖还要边翻各种书本、网页，加班加点地找，愁眉苦脸。而我知道，以他的精力和视野，是很有局限的，也很难有惊喜。

而另一个同事，她除了自己找案例，还拿出一些预算，在线上做案例的有偿征集，让案例来找自己。她还会点一些下午茶，每周一下午 1 点把同事聚到一桌，聊着天，就把一堆案例共创了。

我看着她在这个过程中，用了钱，用了关系，还设计了征集规则，多维度地去解决问题，心里忍不住感叹"真是有办法啊"。

不管是说，还是做，其实都是思维的升级，把"点状思维"切换到"系统思维"。

从只盯着自己一亩三分地的"点状思维"，到多维度解决问题的"系统思维"。

所有行为改变的背后，都是一次思维的跃迁。

下一次，当你手忙脚乱，觉得不管自己怎么努力都做不完时，请一定想起这句话，职场中，借力也是一种能力，在某些时候，它甚至比"执行力"更重要。

020

同事上班摸鱼，该不该告状

<mark>咸鱼自有天收，自我发展才是硬道理。</mark>

一个正直的女生来找我，问："你说我要不要告状啊，我一个平级同事，上班不是刷微博就是看小说，就我累死累活的。我好想告诉领导。但万一别人知道了，会怎么看我？"

我笑："那就不告。"

她愤愤不平："但实在看不下去啊，怎么会有这种'咸鱼'……"

我问她："如果你拿的工资是'咸鱼'的两倍，你还会想告状吗？"

她不说话。

重点错了。告不告状不是重点。

你看不下去的根本不是咸鱼，是"累死累活却跟'咸鱼'一样待遇的自己"，所以你要纠结的不是告不告他的状，而是"我要怎么样才能拿到他两倍的工资"。

持续专注于自己的工作，解决问题，创造绩效，每天都感觉到工作带来的满足感，你就很难看见"咸鱼"了，因为你前进的速度，"咸鱼"根本赶不上。

021

哪种忙，绝对不要帮

<mark>我做了，是出于情谊；我不做，是我的权利。</mark>

女生哭丧着一张脸，坐在我对面。

"同事让我帮他订餐厅，我就去订了，结果他跟客户吃完饭，到我工位上一通数落，说我地方没选好，菜也没点好，他数落我的时候别人都坐在旁边听着。末了还说什么，让我别介意，他说话直，什么都是为了工作好。"说着说着，眼圈都红了。

我问她："你难过什么呢？"

她说："问题就在这儿，我就是很不爽，但是也不知道自己在气什么，他说得也没错，那个餐厅中午人多，不利于他们谈事情，是我考虑不周到。"

"你气的是，你帮了忙，但是没有得到帮忙者的待遇。"

这事我特别理解。年轻时候谁找我帮忙，都来者不拒，虽然忙成一个陀螺，但想着多锻炼自己也不是什么坏事。

而且职场本身就离不开互相帮衬，你帮我一分，我还你两分。

但踩过几次坑，也长了记性，有一种忙，我是不帮的。

有一天，我正在开会，收到两条60秒的语音。我跟对方只见过一面，完全不熟。我又怕人家有急事，就语音转文字了一条，大概意思是：他有个项目的新媒体负责人不太懂业务，想送到我公司，大概让我用一个下午帮忙培训一下。

第二条，我就没听了。

过了几天，对方又发来一条微信："人呢？"

我说："不好意思，没时间听语音。"

结果对方又发来一条50秒的语音："哎呀，一共就发了2条语音。不要这么较真嘛，我这人就是太直接，这不是忙，想着发语音快嘛。"

这条微信，我也没回。

没好意思说出口的那句话是：你很忙，刚好我也没空。

你很忙，忙到只能用一堆语音去"指挥"别人"拿出一下午的时间来帮你"，抱歉，刚好我也没空到抽不出60秒听你的语音。

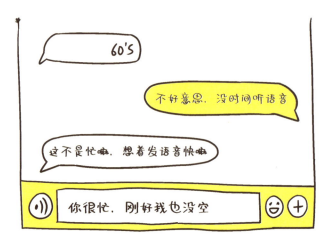

真心才能换真心

　　你觉得我怎么连举手之劳都不帮，那我想问：抬手打字对你来说怎么就这么难？

　　但我不好意思直接这么说话。

　　过了几天，我认真回复了一条微信："我们见面并不多，也不算熟悉，忽然发一大段语音，我觉得并不合适。其次，我实在没有一个下午来帮你培训员工，如果很迫切，可以列出对方的问题，我看情况抽空回复？"

　　如我所料，对方并没有"列出问题"。

　　因为从一开始，他的态度就传递出一个信息——我对待你，对待这事，都没那么认真。

我最早入行做图书编辑，要去挖掘好的作者，帮他策划，给他出书。没有资源和人脉，怎么办？

前辈告诉我，去找老板帮忙，他肯定有资源。

末了又说了一句，但老板会不会帮你，就要看你自己了。

为了能让老板帮我这个忙，我学会了提前准备好两样东西：一个是给大咖的策划案，另外一个，是以老板的口气拟好短信，方便老板直接转发给大咖，他一个字都不用改。

——要做到这么细节吗？也有其他同事不理解："那你拿下这个大咖，本身也是公司的业绩啊。"

如果你真的得到别人的帮忙，做得再怎么细都不过分，因为没有任何人有义务帮你。

所以我才说，从一开始对方就觉得这是你应该做的，这种忙，没什么好帮的。

有些忙，我们选择去帮，是出于礼貌，出于素质，出于我们那些放不下的责任心。但这绝对不代表，我应该。

我做了，是出于情谊；我不做，是我的权利。

请别人帮忙，拿出基本的礼貌，而不是，"我说话直，你别介意"。

宗萨仁波切曾说："大多数时候，标榜自己说话直的人，只是不愿花心思考虑对方的感受而已。"

人和人的长久，最终都是真心换真心。想要换得真心，请先捧出它。

022

拜访客户，关键动作是什么

礼尚往来，互相介绍，总结陈词。

没想到女生被这么一个小问题给困扰了。

"跟老板去见客户，临到门口了，老板忽然问我，你准备了什么礼物。我就蒙了，要准备礼物吗？没人告诉我啊！老板脸色特别难看，我这一路大气不敢出。"

我自己经营着一家小公司，所以大概能猜到当时她老板是怎么想的："这么简单的问题，怎么还要我提醒啊。"但我也理解女生的困扰："也没人教过我要送礼，那送什么礼呢？"

我们曾以为，所谓事业，是由伟大浪漫的梦想和一个个激动人心的商业故事构成的，实际呢，却是被这么一个个具体的问题填满。

比如，打印时用彩色还是黑白，更能满足客户创意和公司成本两种需求？

再比如，这个文案是用感叹号还是问号，更能代表用户的情绪？

又比如，我是一个堂堂主编，跟老板见客户是去提创意的，为什么要我准备礼物？

欢迎来到成人的世界，这里一地鸡毛。

多少年轻人就是崩溃在这残酷且无趣的现实中的。

但我必须强调的是，所有创造伟大事物的人，都不是空想者，他们都彻底地扎根于现实。

桥水基金创始人达利欧有一句话，如果你把生活想象为一场游戏，把面临的每一个问题都当作一个需要破解的谜，每解开一个谜都能获得一个宝石。

如果你这样想，这个过程，就有意思多了。

就比如拜访客户这件事，也可以有诸多谜底。

首先，见客户不要空手去。礼不在贵重，但是要有。初次见面，我一般会送书，有格调，能代表你的价值观，只要他翻开这本书，就会想起你。同理，如果客户来我们公司拜访，也不能让客户空手走。提前就思考，客人离开时，带走些什么，那就是某种关系的延续。

其次，见面介绍时，先介绍客户，再介绍自己人。一个特别拉好感的介绍公式是：这是某某 + 他负责的业务 + 你对他最深的印象或他的核心优势。比如：这是王总，是某公司的市场负责人，王总的"血洗平台"营销法则对我特别受用。

与此同时，怎么介绍客户就要怎么介绍自己人，不要用一句"来，这是我同事小王"走过场。隆重介绍自己人，有两个好处。第一，可以提高团队自信心，这是对自己人的尊重；第二，这也会让客户知道，我们带了最好的人才跟你合作，这是对客户最大的尊重。

最后结束面谈时，别寒暄两句就撒了，记得做一个总结：先感谢对方，再总结会见价值，最后提炼后续动作。比如：谢谢王总，帮我们从多维度理解了什么叫作"血洗平台"的营销打法，根据今天的沟通，我们回去会把这个项目的营销方案再次拆解落实，也请您这边安排一个对接同事，我们共同发力。

女生彻底开窍了："哦！这样讲就能给下次沟通留个口子了！"

"听你这么一说，原来这事也没那么烦人啊！"

何止不烦人啊，简直有点有趣了，不是吗？

职场到底有没有等价交换

有，也没有。

职场有两类人：一类是拿多少钱，就做多少事；还有一类，不论拿多少钱，都多做一点事。

你信吗，不出三年，前者在给后者打工。

因为所谓的"拿多少钱，做多少事"这种等价交换，在职场就根本不存在。

我自己用了 6 年，从一个月薪 800 块钱的实习生做到 CEO，几乎每一年都在晋升。这几年总有人问我晋升方法论，对我来说，最重要的一点，就是不相信职场的等价交换。

做小主管的那段时间，手下一共没几个人。爱人常常笑我：

"拿着卖白菜的钱，操着卖白粉的心。"每次开会，我绝不会在自己部门汇报完之后，就闷头处理别的事情。我会从头听到尾，留心听公司的战略，观察其他部门的业务怎么发展，做详细的公司业务流程图。

按照我当时的资历和权责，大多数事看上去都跟我没关系，但我很早便意识到，职场就像一盘棋。如果只是无脑地往前冲，那最多只是个"兵"；如果知道借力去办事，那就可以当"炮"；而如果学会全盘思考，我们就是那个下棋的人。

哪怕是打工人，也可以选择做个有全局观、能延迟满足的打工人。

不要止步于"屁股指挥脑袋"，心安理得地跟自己说"活在当下""拿多少钱，做多少事"。跳出自我限制，不停地积累自己的经验和人脉——这些做到了，一定能得到应有的回报。

从这个意义上来说，职场一直都是"等价交换"。

024

是什么阻碍了你升职

<mark>职场不像考试，不是所有的题都要答。</mark>

有个职场新人找到我，黑着一张脸："没想到工作是这样的，感觉我快被老板逼疯了。"

"简直就是压榨啊！每次都是，他这边让我准备方案PPT，那边又要我去开策划会，开完还问我'方案怎么还没交'。我又没偷懒，饭都是随便扒拉两口，我真是没办法了。"

我否定了她："你有办法。"

她就等这一句了，跳起来："什么办法？"

我笑："偷懒。"

女生一副"我信你个鬼"的表情。

我严肃了起来："我问你，策划会在当时真的一定要马上开吗？跟老板说，往后延两天，但我保证直接交完整漂亮的策划案，老板会不答应吗？类似的还有，必须每日汇报吗？如果你跟老板说，能否改成每两天汇报一次，但是数据更翔实、进展更明显，他会不同意吗？"

女生没说话，她好像在想："还可以这样吗？"

职场不像考试，不是所有的题都要答。这种"学生思维"最耽误事。你想象对面站着老师，精心琢磨了一套题，等着检验你的能力，你呢，是个学生，战战兢兢地解题。其实你早就不是学生了，你是老板的战友，在一个战壕里，背靠背，要一起拿下一场又一场战役。

老板更不是老师，面对残酷的商业世界，老板心里根本没有标准答案。你不能把他安排的"任务"当成"标准作业"去做。就像老板让你在树林里打鸟，你开一枪没打中，鸟全飞走了，学生思维的人会想"没办法，只能回去挨骂了"，因为没有完成标准答案嘛。但职场思维是，"我摘点水果回去怎么样""捕两条鱼回去怎么样"——因为你的任务是去捕食，不让大家饿着。

职场不需要"解答问题"，而是需要"解决问题"。

尽力和尽量的区别是什么

凡事总有办法。

这已经是一个月里，女生的第三次抱怨了。

"我们公司这么小，竟然想去跟那么大一个 KOL 合作，我就说没戏吧，非让我去争取，我去一问，果然被拒绝了。想什么啊，整天眼高手低。"

她好像已经把"吐槽和抱怨"，当成是解决问题的方法了。

"如果不满意，要么就另谋高就，要么就尽力而为。"由于不打算再听到第四次吐槽，我直接打断了她，"我知道你想说，你已经尽力了。不，远没有，你没有尽力，你只是尽量。"

尽力和尽量只有一个区别，那就是被拒绝时的"第一反应"

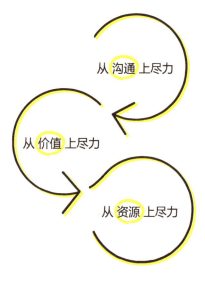

从 沟通 上尽力

从 价值 上尽力

从 资源 上尽力

凡事我总有办法

不同。

都是去谈这个合作，对方拒绝说"你们品牌太小，不考虑合作"，你的第一反应是"都怪我们太小了"，然后你就跑去跟领导说"我尽力了"。

真正尽力而为的第一反应是"正是因为我们小才要跟人合作，才能变大呀"，然后你会继续问对方："要不我先给您寄个样品您先体验下，不行再说？""你们今年的主要核心目标是什么，看看我们是否能有契合的地方？"直到最后对方松口。

再比如，去找同事帮忙，同事说："我太忙了，没空帮你做海报。"

你的第一反应一定是"他没时间我也没办法"，然后又跑去跟领导说"我尽力了"。

真正尽力的第一反应是"我要怎么才能挤出他的时间"，然后就继续问对方："能不能这次你帮我做个海报，下次我帮你写个方案，实在不行我再加杯咖啡。"晚上早早坐到对方工位旁边："我晚餐帮你点好了，你要不要再帮我加一次班做一下，这次是真的很着急，下次一定不这么紧急了。"最后，海报做好了。

以上两种情况，我每一天都能看到。

所以不要被拒绝一次就说"我尽力了"，要知道在职场，被拒绝，就像上下班打卡一样平常，我们要做的，就是保持微笑，然后思考：

1. 我有没有把事讲清楚，我的表达方式是不是他喜欢的？这是从"沟通"上尽力。

2. 我有没有接收和理解对方的需求，并先满足他的需求？这是从"价值"上尽力。

3. 如果我满足不了对方的需求，谁能帮我满足？这是从"资源"上尽力。

尽完这三种力，事大概率都能成，而且你一定会获得一种信念，这种信念就叫"凡事我总有办法"。

遇到问题，不要用"我尽力了"来保存自己的"体力"，这部分"体力"是会过期的。

工作做完了，我能不能到点就下班

这是一个假问题。

很多人问过我："工作做完了，我能不能到点下班？"

我的回答是，当然可以。但这并不重要，因为这个问题，其实是一个假问题。

这个问题的假设是，早下班就等于不好好工作，就等于不符合老板预期。

你看，我们把工作质量的好坏，跟工作的外在表现画了等号。

"看起来"工作努力，有多么重要呢？

当你带着给老板打工的思维时，的确是这样的。因为你跟老

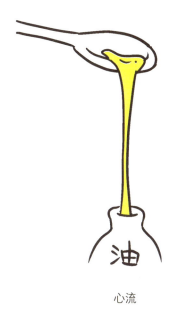

心流

板的关系，处于零和博弈之中，多加一分钟班，都意味着你的损失——18:29 能走人，就是你一天最"赚"的事了。因此，网上流传着各种类似"带薪蹲坑"之类的调侃。

如果像这样每天一上班就想着下班，一加班就觉得委屈，觉得亏了，那熬到凌晨 2 点也是浪费时间——心思不在，创造力就不在。你不享受工作，最多只能把工作"做完"，但绝对谈不上"做好"。

但如果你是给自己打工的思维呢？你会发现，你在意的事情变了。你在意从任何一件工作中都有所收获，在意每一天自己是否都在变好，在意自己的本领是否渐长，在意每件事是否做到最漂亮。这些在意足够占据你所有精力，你工作时会沉浸其中，忘记时间——心理学家称之为"心流"。

至于18:30要不要下班，同事都没走自己要不要走，你根本就不关心。

内容是大于形式的，人在不在岗位上不重要，心在不在才重要。

"工作做完了，我能不能早走"背后真正的问题是：你没有找到那件让你愿意加班的事——有人称之为事业。人生有一半的时间，我们会用在工作上，你值得有一份愿意为之全身心投入的工作，因为那首先是对自己的交代。

想到这儿，再来看"该不该加班"这个问题，我的答案仍然是，当然可以，你是自由的。——但你已经发现了，这并不是本质问题。

解决"该不该加班"这个问题的最好方式，是找到一份你愿意投入精力的工作，你沉浸于创造，真正关注自己的一招一式，于是你不再在意自己的花拳绣腿，看上去是否"漂亮"。

那一刻，你是生活真正的主导者。

拖延症可以根治吗

治不了，但可以避免它的出现。

有人找我吐槽自己的"拖延症"，说自己拖延时其实也挺痛苦的，全程焦虑自责，总是等到最后"哭着"把事做完，结果呢，还被人吐槽办事不靠谱、懒。

其实真正懒的人，从来不会为"拖延"感到焦虑自责，他们只会为少做一件事而暗自庆幸。所以焦虑自责的那个你，很多时候不是懒，只是"懒"得做你不爱做的事。

我的一个员工，每次交数据报告都要拖到最后一秒，还总出错。你说她懒吧，可我又发现，她接待客户时，比谁都积极，送什么见面礼，在哪儿用餐，住什么风格的酒店，都安排得明明白白。

而我另一个同事，你要想他陪客户吃个饭，他有一万个去不了的理由；但一个特别复杂的数据报告，他在座位上一坐几个小时，头都不抬，一定会研究明白。

　　你发现没，擅长交往的人，做数据分析工作，拖延症会发作；而思维缜密、分析力强的人，推他去社交，他的拖延症也会发作。

　　很多人的拖延，只是为了保护自己不去面对那件自己不想做、不擅长的事情。所以根治拖延症最根本的方法，是去做那些你本能上不会拖延的事，并且，把它做成你工作中最重要的事。

　　这件事就是你的先天优势，也是你避免拖延症的法宝。

职场中最持久的能力是什么

管得住自己，管得住同事。

  一个粉丝给我发私信："昨天我被公司裁员了，这三年自己吃苦耐劳，朝九晚八，每天两小时通勤，还是换来了这个结果，你说我接下来该怎么办啊？"

  最近几年，类似的问题特别多。在过去的 2021 年，最大的赛道变动，莫过于 K12 教育的变化。老牌教育机构新东方预计裁员 4 万人，而这只是一个缩影。整个行业波及的员工有几百万人，我有个同事的朋友，据说当时正在公司午休，迷迷糊糊就接到通知被裁了。一时间人心惶惶，但有人悲观绝望，就有人从中看到机会，他们开始问："什么样的员工不会被裁？"

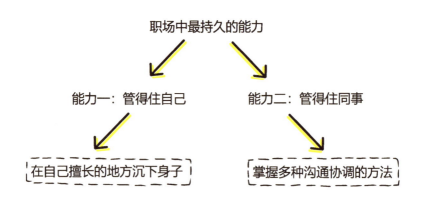

职场底层能力

这个问题的内涵是，职场中最持久的能力是什么？

专业能力当然要强，除此之外，两个底层能力，可以让你的职场"耐力"更持久。

一个是能管得住自己——不会今天受人刺激了努力一天，明天又要"对自己好一点"，躺平三个月。更不会今天相信"坚持可贵"，明天听信"人生贵在知难而退"，情绪反复，不停内耗。厉害的人都是"反内耗"体质，知道自己要什么、擅长什么，认准就做，不行就撤，不会因为同事的一句质疑、一个反对，就焦虑、停滞。管得住自己，对自己有清醒的认识，能在自己擅长的地方沉下身子，千锤百炼，往往都能做到卓越。

另一个是能管得住同事——掌握多种沟通协调的方法，让不同的同事都愿意听，愿意配合你。你能和公司越多的人绑定利益关系，你就越不可或缺。未来职场最缺的，不是能跑的"上等马"，是能整合各种马的"田忌"。

某大型招聘平台《2021企业人才需求趋势调查》显示，团队合作、人际沟通与协调、抗压与情绪管理是雇主最希望候选人和员工提升的三项素质型能力。连续三年，这三项都位列雇主诉求的前五名。

也正应和了"管得住自己和管得住同事"这两点。

在从员工到管理者的路上，我受益最深的是一个企业家前辈的一句话："一个人，就是一个企业，也需要管理"。比如怎么跟客户沟通实现双赢，怎么跟老板沟通拿到资源，怎么借力去提高效能、轻松工作，比如怎么管理自己的情绪和思维。

当外部环境越发不确定时，也许正是我们沉下心向内求的好时机。因为底层能力，才是建构职场实力的基础。

如何突破职场瓶颈

多问"为什么"。

有个女生来找我，年轻的脸上毫无生气："我在公司就是个打杂的……什么时候是个头啊？都做了三年行政了，每天就是给领导找资料、打印资料、送资料……"

她看着我，似乎期待我说一句什么话，便能破掉这个局。

我问她："领导为什么要打印资料呢？"

女生不理解："因为他要用啊。"

我又问她："那他要怎么用呢？"

女生不耐烦："这，要么开会要么见客户啰。"

我说："如果是见客户，用彩打是不是更好一点？然后打好了，再套个文件夹交给领导是不是又更好一点？"

女生不吭声。

我说，给你讲个故事吧，是我从一个著名主持人的朋友圈看来的。

这个主持人和很多化妆师合作过，她发现，一流的化妆师，化妆前会去现场看灯光，会问导演整体节目风格，后期怎么做，然后才化妆。因为她要保证合作方的妆容是跟场合契合的。二流的化妆师，会给你带各种保护你衣服的围裙，甚至提前给你敷个面膜。三流的化妆，就只是化妆，可能技法还不错而已。总结下，一流的工作是了解上下游的工作流程，并且关注产品最后的效果，而不是自己流程结束的效果。二流的工作，至少关注和自己工作相关的用户体验。三流的工作就是扫门前雪。扫了，而已。

我们每一个人都是从一件件小事情做过来的。

有人每一件事都多问对方或自己一句"为什么"，就能找到把这事做得更漂亮的方法，领导和客户就会注意到你，同事就会信任你。不知不觉，你走得就会快很多。

有人一边心里嘀咕，我几时才到山顶啊，前途渺茫啊，一边手脚重复同样的动作，毫无灵魂。

我们总觉得在其位谋其职，"屁股决定脑袋"。但有时候恰恰相反，"脑袋决定屁股"。

误解随处可见，怎么办

积极沟通。

　　一女生开会时明显是带着情绪来的，全程黑脸。不管会议主持人怎么问她的想法，她都说没什么想法。

　　我实在看不惯这种不专业的职场行为，严厉地说："有什么事情，你最好当面在会上沟通清楚。这是你的职责，而我们在座的所有人，都没有义务看你的脸色。"

　　她终于开口了，冲着主持人一顿嚷嚷："你越过我，直接跟销售主管沟通，这是什么意思？"

　　主持人是 HR 主管，她显然没有意料到，结结巴巴地说："因为销售团队最近管理问题很多，我想跟销售主管先了解下情况，再向你和总裁提出我的建议。"

这下，轮到女生"没想到了"。

职场中，这种"揣测"实在是既低效又伤神。

我有一个印象很深的故事，每次都会在讲到"揣测"时拿出来举例。

在某个活动现场，一位主持人问一个长大想要当飞机驾驶员的小朋友："如果有一天，你开着飞机飞到太平洋上空，结果所有引擎都熄火了，你会怎么办？"小朋友说："我会先告诉坐在飞机上的人绑好安全带，然后我挂上降落伞跳出去。"现场的观众就笑，有人嘲讽地说："哎呀，现在的小孩子真不简单。"也有人对自己的孩子说："你看，他这样做太自私了，我们不能学他。"

但主持人继续注视着孩子，没说话，那真是让人印象深刻的几秒钟，小男孩停了停，睁大眼睛说："我要去拿燃料，再回来救大家！"

现场忽然瞬间安静下来。

我们生活中的很多冲突，是因为四个字：以己度人。

每个人对这个世界的看法，都来自从小到大的生活经历，它并不客观，只是一个人，小小的世界观。

世界观和世界观，总是不同的，因此摩擦、碰撞和误解也随处可见。

那怎么办呢？也只有四个字：积极沟通。

一个又笨拙又好用的方法。

这是我做了这么多年管理，总结下来最有效率的一件事，也是我最常做的一件事。在不同部门有对抗时，在同事之间互相冲突时，在我的老板和团队有隔阂时，我作为那个中间人，一次又一次发起积极沟通，推动他们去消解双方的误解。

当你对事情不理解，充满怀疑和愤怒时，多问一句。

不要预设对方，不要揣测，只是带着好奇多问一句："你是怎么想的？这么做你的考虑是什么？为什么今天感觉你的情绪非常大？你还想多说一些吗？"

最好的沟通心态是"我知道自己不知道"，带着这份对"无知"的敬畏，你会变得勇敢，会一次次发起积极的沟通。

遇到"挑事"的同事怎么办

虚晃一步，用巧劲。

一女生刚入职场不到一年，遇到了所谓"职场的复杂"。

背着爸妈送的新包去公司，没想到同事阴阳怪气，哎呀，你男朋友这是大出血。女生忙解释，我还没男朋友呢，对方又来一句，不会吧，你是母胎单身吗？

再往下，更超出了女生的认知范围，她语无伦次地说："我要是有男朋友也不会让他买。"同事又说："这么女权，那房子也自己买啊。"

女生完全乱了方寸，气到发抖："怎么会有这种人？！"

可就是会有这种人。

你不能保证遇到的所有人都和蔼可亲，文质彬彬。我们要么修炼自己的钝感力，你爱说什么，我抿嘴微笑，刀枪不入，要么修炼自己的反驳功力。

之所以会被这类事情影响思绪，是因为太容易进入对方的节奏里，被对方带着走，他说一句，你反驳一句，他就永远能找到下一句的主动权。

但职场不是学校，不需要一道题目一道题目按顺序做。你永远无法通过"就事论事"反击一个"没事找事"的人，这时就需要跳脱出对方的思路。

我听过一句反驳杠精特别好用的话，这句话叫：你这么想，很正常。

潜台词是——你只会挑刺、揣测、挖苦和抬杠，所以你这么想很正常，但我不想再跟你争论了，因为多说一句都在浪费时间。

"哎呀，这么女权，房子也自己买啊。"——如果你不想正面交锋，那么索性来一句，"你这么想，很正常"。

就像是打太极拳，对方使力气时，你不硬上，虚晃一步，用的是巧劲。

类似的故事我还看过一个，一个男生在网上买了一束花打算送给女朋友，收到时发现花已经枯萎。他打电话跟商家理论，商家不接受，还说"我哪知道这花是怎么坏的，万一是你养坏的呢"。

男生接下来的动作挺有趣，"老板你要是不退款，我就要给你写好评了"。结果老板一看评论，赫然写着"这家店不仅花新鲜，买花还送超美花瓶，大家千万记得去找老板要花瓶啊"。老板一看配图，花瓶比花成本还要高，连忙给男生退了款，请求撤回评论——差评无效时，原来可以反着来，比起踩一个人，捧一个人的杀伤力更大。

行走于社会中，不挑事，不惹事，但是事来了，也不怕事。

比起闷头使劲，用巧劲的力气最大。

032

为什么我说了那么多，别人就是不听呢

世界上最远的距离，是"你的道理"和"我的感受"之间的距离。

路过会议室，听到两个同事的争执："为什么这么简单的道理要我讲那么多遍？这不是常识吗？你有没有动脑子啊？"

另一个同事："你能不能别再讲道理了，我已经很难过了。"

"你能不能不要这么玻璃心，不能提意见了吗？说两句就难过。"

听着像是夫妻吵架是不是？你别笑，这种争执在职场其实并不少见，而且根本不会有结论，因为他们是在两种维度上对话。

一种维度叫"逻辑"，这个维度里的人，对事不对人，凡事以道理为先。这时候，你跟他说，不要讲"道理"，就等于否认了他的所有努力，因为"讲道理"是他认为他能做的最大努力。

另一个维度叫"感受"，在这个维度中，人们先对人再对事，思路会被情绪打乱，这时候你越跟他讲道理，他就越混乱，因为他只有先处理情绪，才能冷静下来思考"问题"。

这个世界上最远的距离，就是感受和道理之间的距离。

也许擅长逻辑的你看不上情绪丰富的他，也许敏感于人情的他觉得冷漠无情的你就是根木头。

但现在你们是一个团队，团队必须互相信任、彼此欣赏，才能交出后背，一起战斗，否则，就是在浪费各自的生命。

没别的选择，你必须新长出一双看到别人优势的眼睛。

他虽然冷漠无情、情商低，但是总能捋清楚事情的前因后果，透过现象看本质，开会开到头昏脑胀，只有他，一分钟能梳理清楚线索。

她虽然总是被外在环境、被别人的情绪影响，不如他那般能看透事物本质，但能洞察"人"的心思，理解老板的难处，知道客户到底想要什么，天生就会"读心术"，跟人打交道，她一出马，一个顶俩。

职场一点都不浪漫，并没有太多时间给我们兜兜转转，抒发情感，每一次不触碰本质的争论，都是对效率的不尊重。

很多人可能觉得，我只要做好我的专业就可以了。

其实远远不够，专业面对的是有限领域，它假设存在一种相对客观的标准，当一个人的能力越靠近标准时，我们说他越专业。

除了专业，职场的顶尖高手，都还有另一个特质，叫作智慧。

智慧是面对开放世界的一种理解和应变能力，它面对的对象是"人"，人是最不确定的，不存在什么固定的标准。智慧并非一个名词，它是一个连续的、绵延的过程，它没有终点，也没有哪一个时点可被称为正确答案。

比起专业，智慧需要我们用更长的时间去修炼，也许是一生。

但随时开始，都不晚。

无效工作和有效工作之间差了什么

抓住对结果有关键影响的那一步。

有一次，我们公司的编导跟外部谈合作，想在对方的平台推广我写的《深度影响》这本书，最终对方回复："好的，《深度影响》可以推。"于是，双方愉快地开始拟合同，定推广节奏。

前后沟通半个月，看上去有序推进，但谁料到，我们都已经开始准备视频内容了，对方忽然来电话："临到要出版社备货，才发现名叫《深度影响》的书，至少有3本。"

我写的那本《深度影响》，对方拿不到合适的价格，没办法推。

我问编导："所以，你们之间的沟通，只确认书名，不确认作者对吗？"

无独有偶，没过多久，我们的内容创意同事敲定了一个直播合作，她跟客户电话沟通了好几轮才谈成，其间为了协调我的时间，来回好几次，策划主题，做访谈提纲，忙得不亦乐乎。

临到我要去直播了，发现双方就一个关键问题理解不一致：双平台还是单平台直播。

大半夜的两人各执一词，"明明说好双平台直播啊！""没这么说过，这不能接受。"

最终双方不欢而散，直播取消。

我问她：我们要舟车劳顿地赶到异地，这种合作共识，只是通过电话，并没有文字二次确认吗？

都很忙，但都不是有效工作。

所谓有效工作，是能抓到影响结果的关键动作。

每个人都很忙，恨不得一天有 48 个小时，但一个残酷的事实是，60% 的忙碌跟努力，对结果毫无帮助，这就是无效工作。很多人确实很努力，事情都做了，时间都花了，但结果还是差那么"一步"。这一步看着小，却是有效工作和无效工作之间最本质的那一步。

而必须承认的是，绝大多数疏忽，表面看都是因为不够细心，本质上还是因为看问题的视角太单一、思考问题的方式太简单，没有抓住关键动作。

而有效工作，就是能准确抓住对结果有直接影响的"关键动作"。

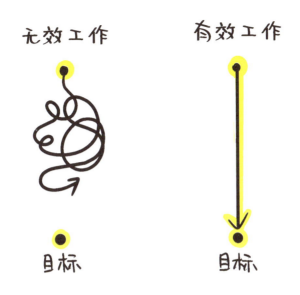

抓关键动作

　　擅长有效工作的人，会不断去想，我现在做的动作，是否对结果有关键影响。

　　避免无效工作，请把一件事翻来覆去 360 度思考一遍。刚开始，自己做不到，请身边的同事、领导帮你查漏补缺，"哪些动作，会直接影响到我的结果？"——只要你想，总能做到。

什么是工作中最无效的努力

在没有任何天赋的岗位上加班加点。

常有年轻人来找我求助各种职场问题，眼睛里没有光，脸上满是不符合年纪的疲惫。

其实疲惫也分种类，身体疲惫，睡一觉也就好了，身体机能的修复速度比你想象的还要快；最难修复的累，是心累，从早忙到晚，手脚不停，但是毫无成就感。

也不是不努力，但有些努力，是无效的，比如：

跟领导不停地解释——解释等于找理由，回头看，领导的眼睛始终盯着前方，他想听的，是解决方案。

跟下属不停地讲道理——改变世界的，从来都不是华丽的道理，而是对方认同的"好处"。有个不恰当的比喻，你想拉一头牛往东走，而它想往西，最轻松的做法，是在东边放一捆草。

对客户预算的抱怨——这种一时快意之事，包括吐槽客户，没有任何意义，吐槽可以吐槽出多一些预算吗？你们之间是交换关系，他提供金钱，你提供创意和服务，这很公平。

给一个只讲情怀的老板打工——诗与远方很重要，眼前的面包也很重要。老板要讲情怀，那是持续的价值，但是老板也要清楚走向远方的路是哪一条，过程中，兄弟们有没有面包，能否不挨饿。

没有目标，无休无止的会议——不管你是职场小白还是管理者，被邀请参加一个会，第一句话就要问，会议目标和时间。讨论中偏离目标，你有权利随时打断。如果你是管理者，不妨在公司建立一个制度：会议时间一到，任何人都可以起身离开会议室——从那一刻开始，你的团队对时间会有新的认识。

写过无数方案，却没有一次复盘——原地踏步是最无效的努力，能持续变好，关键不是在意失败，而是在意迭代。在我们公司的一个会议室，贴了这样一句话：我们失败，再失败，更好地失败。

职场和人生，一模一样。

复盘了无数次失败的经验，但没有一次对成功的复盘——只在意失败的复盘是不完整的。成功才是成功之母，成功激发人们一次又一次站起来，继续跑。知道"自己是靠什么赢"的，持续复制和优化，才是下次成功之关键。

对了，无效努力最重要也最容易被忽视的一点：在没有任何天赋的岗位上加班加点。起点错了，跑再快，也到不了你想去的地方。

从今天起，珍惜"努力"，从你我做起。

心情不好的时候，要不要坚持工作

工作低潮的时候，你就去生活；生活低潮的时候，你就去工作。

乍一听到这句话，很多人可能会说："作为成年人，怎么能看心情工作呢？肯定要坚持啊。"

别着急，我问你，心情不好的时候，你的工作状态是怎样的？皱眉，呼吸急促；电脑亮着，文档开着，而你只是盯着它发呆；不知不觉又开始刷手机，一抬头惊觉时间过半，最后为了完成而完成，又或者是根本完不成。

道理都懂，都知道工作不能看心情，要做专业的职场人，不能被情绪控制。但事实上，你不爽，就是没办法好好工作。

心情不好，焦虑、愤怒、压力大，这些时刻你内心充满的是恐惧，你害怕自己做不好，担心各种状况，你根本没办法享受"事情"，只是为了"完成"事情。

万事皆有灵，如果你内心抵抗，那么你编辑出来的文字、做出的方案、写出的代码，也都一样皱皱巴巴。

所以让我们换个方法——你先去做一件让自己开心的事，不管是喝杯奶茶，还是打把游戏、小睡一觉，或是换上运动服来一个小时普拉提。

让自己松下来，松的时候，你会发现，大脑释放了很多空间，灵感自由流淌。

你很坦然，结果也会自然而然。

我的工作量很大，常面对"超负荷"状况，晚上 11 点之后，觉得怎么也搞不完这些工作了，抓耳挠腮。但凡这种时候，我就关机看小说，睡觉。

第二天一早，7 点多就到公司，结果 10 点前，稳稳妥妥地做完了，还富余好多时间。有时还会疑惑，就这点事？那昨晚着急焦虑的是什么？

是心境。

心境，影响对工作的判断，也影响工作能力。

记得冯唐在一本书里说，自己在麦肯锡工作的时候，跟一个法国人合伙做项目，他发现那个人有个特点，中午都会抽空去游泳放松。所以冯唐每次找他谈工作，都是选在他游完泳的那一个小时。

那一个小时里，法国合作方情绪特别好，就会产生特别多好的想法，也很快能达成共识。

记住，工作的快感来自征服这个世界，而你常常陷入的陷阱是：你被工作给征服。

所以，工作低潮的时候，你就去生活；生活低潮的时候，你就去工作。

要让当下的每一分钟都带给你享受，无论是工作还是生活。

工作太忙身体不行了，怎么办

工作越忙，越要抽时间对自己好。

半年前，碰到一个做投资的朋友，他说："我拼了好几年，现在工资的确比同龄人高，但身体健康状况很差，胖了 20 斤，动不动就头痛，你说我要不要换个低薪的、压力小点的工作？"

我有点好奇，问他："健康状况很差，那就搞健康啊，为啥要换工作啊？"

他说："压力太大，太忙，所以搞得健康很差啊！"

我说："那如果有时间，你打算怎么恢复健康啊？"

他说："好好吃饭，早早睡觉。每两三天健身一次。"

我说："那你先不要辞职，现在就开始这样搞。"

他说："不行啊，内卷啊，我不努力，老板不得开了我？"

我说："反正你都打算辞职换工作了。"

最后这句话，他想了一会儿。

一晃半年，又跟他吃了顿饭，得知他养成了两个新习惯：1.每周一次健身；2.早睡一小时，早起一小时。

工作没怎么耽误，健康略有起色。

他告诉我，抱着"反正都要辞职"的心态开始搞健康，反而没有想的那么难。

就像那句鸡汤"想清楚要什么，全世界都会为你开路"。

哦，对，他没辞职。

看到这儿，很多人可能会说："工作性质不一样，我们真的是很忙。"

但仔细想想，这个时代，谁是不忙的呢？"忙完再说"这个思路，成本太高。

我以前也老觉得人生是一件事一件事来，先创业成功，再照顾身体，但体检报告会提醒你：人生，是必须几件事一起来。

创业以来，我每天都兵荒马乱，越是这种时候，越会要求自己——抓住一切时机对自己好，帮自己"回血"。

逼到极限，也的确生长出了一些生活小妙招。连续出差，早上 8 点出门，晚上 11 点爬回酒店，去不动健身房，就随身带一个拉伸带，醒来拉伸 10 分钟，唤醒身体；睡前 10 分钟，缓解紧张了一天的肌肉，保证睡眠、美化体态，再平板支撑个几分钟。总共也就十几分钟的事，想想也不难，只要想对自己好，总会有办法。

精神紧张，老是惦记工作，睡眠质量差，所以永远都随身带着电子书，阅读是最快速能让人安静下来的方式。常常听人说"我没时间看书"，好像只有沐浴焚香、充满电了才能看书，但其实，看书本身就是在充电。不管是在坐车时、睡觉前，哪怕翻个两页，就是给自己充了两格电。

在有力气的年纪，不要吝惜使出全部的力气去拼搏。但在这个拼搏中，有一件事常被大家忽略：拼搏，也包括想尽一切办法保持身心健康，因为这是你最重要的资产。

请在一件件小事里，放满对自己的爱惜和鼓励。

拼尽全力还是完不成目标，怎么办

试试"躺平"。

一个创业的朋友找我吃饭，有点崩溃。

"最开始雄心勃勃，想三年做一个十亿美元的公司，前几年很被这个目标激励，每天恨不得住在办公室。"他声音渐渐小下去，"但现在，三年了，公司业绩始终达不到我的理想。希望越来越渺茫。打算再拼一年，不行就算了。不干了。"

我认识他多年，他是一个有抱负、势必达成的人，如果心力持久，是能做成一些事的。

想了想，我说，如果死活完不成目标，那肯定是……目标的问题。

男生一脸烦躁："我都这样了，别开玩笑了。"

"不，我是认真的。让公司持续经营下去，有抗风险能力，持续提供好的产品和服务，创造社会价值。这是一个企业家的责任。在这个前提下，尽可能做大，去服务更多的人，占领行业话语权。但如果以做大为唯一的目标，被这个目标彻底裹挟，做不到就放弃，就躺平，这是不是一种本末倒置？"

野心也有正反面。

"我的能力配不上野心"，如果这个念头能激励你日日奋进，目标没完成，迎风流泪继续努力，那很好，干就是了。但如果这个念头让你崩溃，让你看不上自己，让你想躺平，那么请听我这句话：不是能力的问题，是野心和目标的问题。你要做的，是阶段性调整目标和野心，驱赶过度的焦虑，释放压在自己身上的重担。

他犹豫了一下："你这是让我……躺平吗？"

"也算是吧，我看过很多人，被焦虑压垮，直接崩溃。那是我觉得最可惜的一种状态。因为未能达成的目标，他们自我怀疑，不相信自己有能力完成目标，也不愿意对此进行任何建设，继而充满愤怒地抵抗目标。这种恶性循环要尽快停止。"

目标的意义是让一个人被激励，不是让一个人想放弃。

聪明如他："我懂了，你没有真的劝我躺平，你是在给我找一个释放压力的方式。如果能挺过压力，我也许就能继续。"

如果你心里也有那还没熄灭的小火苗，不妨试试，在被巨大的压力压垮前，在彻底放弃前，有所觉察和调整。要知道，野心是动力，不是阻力。而目标，是用来奔赴的，不是用来背负的。

038

要不要相信老板画的饼

信。要么信人，要么信饼。

最让职场人纠结的问题之一，叫作"老板是不是在画饼？"

说什么下季度新产品上线，肯定爆，到时候拿了融资扩编，让你当总监。你信他吧，公司一直处于瓶颈期，两年没涨工资了；不信他吧，这时间成本也花出去了，万一他真成了怎么办？

说一个秘密，多数老板，都是靠信念驱动的人，就是擅长画饼的人。

创业是从零到一的创造，在一切还未成型时敢于大声说出自己的愿望，并且投入全部精力去实现，不会因为怕说错、怕做错而三缄其口。这就是创业者特征。

画饼的能力

但这并不代表，他最后一定会成功。

有人会认定一个人，跟随他，不管成败，不后悔，不纠结——这也是一种信念。如果你不信"人"，一直纠结于老板人品和能力是不是靠谱，不妨把自己当成主角去思考、去测试，判断下这个"饼"你愿不愿意吃，里面到底有多少肉（利润空间），它合不合你的胃口（职业匹配度）。

所以老板画饼不是什么可怕的问题，可怕的是，你对"饼"没有判断能力，你把你所有对未来的希望、你的决策权都托付给他了，最后饼没吃到，然后甩锅说"我老板不行"。谁画饼，谁背锅；谁背锅，谁吃饼。

期权和现金，孰轻孰重

都重要，也都不重要。

一男生问了我一个非常"现实"的问题，期权和现金，孰轻孰重？

"最近在面试，发现很多公司会把期权作为薪酬包的一部分和候选人谈，感觉是希望能用未来的更大收益劝说我接受现在低于我预期的薪水。但是期权价值如何，后续是怎样的退出机制，也没跟我讲清楚。这种情况下，我该怎么抉择啊？"

"哎呀，你问对人了。"我不好意思地笑，"我就是那个会把期权作为一部分筹码的老板。"

作为老板，为什么会考虑释放期权？

期权和现金

　　其实期权挺珍贵的，也不是向谁都开放，只是面向非常少的高阶人才，比如，觉得他能为公司带来价值，跟公司彼此契合，所以希望能通过期权跟他达成某种"长期价值"的共识，而不是合作一天算一天。当然也有一种情况，就是优质人才的薪资要求都很高，以公司现在的能力，付不起这么高的日常薪水，也有公司会把期权作为未来价值的"现实折算"——如果接受期权，那就意味着候选人相信这个公司的未来价值，也愿意通过自己的付出为自己获得这个价值。

最简单的方法，是了解其他员工的兑现方式，已经有兑现的，那就相对比较清楚了，如果都还没有兑现过，那就要求看"期权协议"，具体了解兑现条件和期权价值。

当然，这个未来价值是存在风险的。

很多公司都处在探索阶段，期权走向也就不确定。可能是被收购、上市，也可能是每年分红。也有可能因为经营不善，有一天公司会清算破产。

没人能预测未来。

你只能在充分分析公司状况、了解管理团队能力的前提下，再做出判断。

但我认为最能影响这个判断的因素应该是：这个工作你想不想做。

如果期权没有如实兑现，那在这里的每一天，是不是能实现自我价值，能提升你的核心竞争力，能让你变得更好——这是我认为除金钱价值之外更重要的增值。

同时，也要判断，你是不是能让这个公司更好，这也是离你能兑现期权更近的动作。

越是充满不确定，越要把握"内在的"某些确定性。

这是我作为一个创业者的真心话，祝你知己知彼，百战百胜。

工作 5 年进入倦怠期，要不要转行

<mark>也可以转岗不转行。</mark>

一女生试探地问我："你说，我要不转行算了？"

"敲了五年的代码，天天修 bug，就没任何成就感，发挥不了我的优势。但你说我转行吧……"她声音小下去了，刚才的决心好像消失了一半。

我知道她在想什么，但凡要转行的人，都对沉没成本念念不忘：可惜了这五年。

"主要是，我其实也没有别的行业经验。唉，也想过就这么将就着摸鱼。"

"这辈子都可惜！"我反对这种"将就"。

想清楚再行动

女生有点伤感："那我能怎么办？"

"有没有想过，不好转行，那转岗呢？"

我给她讲了个故事。

我有一个朋友，是医学博士，跟很多人一样，不安现状，总觉得内心有团火。她毕业后在重症病房工作，很努力，但每天过得都很辛苦——不是体力上的累，是心累，总觉得很压抑，很没动力。

她很困扰，当年是因为想要帮助病人，才学了医，现在怎么会这样？

难道要转行吗？硕博连读，加上本科，这些时光岂不都白费了？

我这个朋友没有贸然转行，而是对自己进行了深刻的分析。后来她理解了，因为重症病人的救治不是她一个人能决定的，病情也很难在短期内好转，她就很难得到及时的正反馈。而她呢，是典型的"成就驱动型"，每天把待办清单划干净是她最有成就感的时刻，做的每一件事都有即刻反馈，是对她最大的激励。这就造成了跟岗位的不匹配。

得益于这深刻的自我觉察，她转去了皮肤科。皮肤科病症相对比较轻，皮肤病的好转肉眼可见，这就让她每天都能得到正反馈。同时，学的专业技能和知识，也都没浪费。

我认识她时，她已经从公立医院跳槽到了一家医美中心，年纪轻轻就成了股东，每天加班加点，全年无休。但每一天，她心中的那团火都在。

选择和设计职业的前提，是对自己有清晰的认识。

第 2 部分

管 理 团 队

得不到别人配合怎么办

让你手上的事和他发生关系。

一女生一开完会就跑进我办公室，委屈到脸都憋红了："那个人怎么这样啊，给他什么活儿他都推回来，分配什么任务都漠不关心。这个活动是公司的大活动，搞得我得求着他一样。"

我知道她为什么这么憋屈。

刚才的会议我也在，女生是整个活动的总负责人，每个任务都要分配到相应的负责人手里，比如流量支持，分配到她吐槽的这个男同事手里。

男生在会上直接问："这事跟我们部门业绩有什么关系呢？"

开水哦，好烫好烫，大家小心点！

想清楚再行动，让事和人发生关系

　　女生当场哽住，憋红了脸，我知道她心里忍住没说的话："这是公司的活动啊，就应该支持啊！"

　　那次会议自然没有什么结果，女生作为总控，备受打击，跑我这里求助了。

　　我想了想，问她："你以前坐过那种人很多的卧铺火车吗？走道很挤，这时候，如果你端着一碗热泡面，想回到自己的位置，得穿过站满人的走道，你会怎么办？"

　　女生不知道我在说什么，犹豫着说："就让他们帮个忙，让一下？"

"嗯，有可能有用。但更有可能的是过道上的人没反应，该打电话打电话，该嗑瓜子嗑瓜子。你只能扭曲着身子艰难走过。是不是跟刚才在会上一样憋屈？"

女生本来就一肚子哀怨，被我这么一说，快哭了："都这么自私吗？生活太难了。"

"不，我想说的恰恰相反，没有人有义务配合你。"

每个人都有自己眼中的最重要的事，每个人都在为自己的生活拼搏，我们没有资格要求别人按照自己的意愿行动。哪怕你心里觉得这事跟他们有关，但只要他们没意识到，就还是你的责任。

在火车上，也许你可以试试，端着泡面边走边说："开水哦，好烫好烫，大家小心点！"我保证所有人都会立马贴边站。

又或者跟流量组同事一起研究，这个活动能带给他多少新流量，跟他的业绩会发生什么关系。

方法有很多，心法只有一个：没有人有义务配合你，除非，让你手上的事和他发生关系。

要不要信员工画的饼

吃三口，再考虑信不信。

一次聚会，都是中高级管理者，席间谈起一个话题：员工给你画饼，你信不信？

一个高管跟我说："我员工最近也给我画了个饼，我给他定了单月60万的目标，他说低了，要干200万，让我给他加钱加人，说一年内重塑公司品牌，明年让公司业绩翻两倍……"

"你怎么看呢？"我问他。

"我要给他升总监，给他加人。"

"所以这饼，你是打算吃了？"我笑。

高管拿出一个方案："这是他的'饼'，你看，项目方案里写明白了盈利模式、风险评估、AB方案，连推进节奏都写得非常清楚。靠谱啊！"

"嗯……"我想了想，还是打算说出来，"这很好，唯一一个提醒，吃饼时，只吃三口。吃员工的饼，是我做管理以来吃过最大的一个亏。"

前年，我们公司那个空降来的员工，也是出了一个特别完美的方案，刚好踩中了我想把业务尽快做大的痛点——爱画饼的员工都有一个特质，能准确抓住老板的心思。这也不是问题，甚至是某种优势。

但问题在于，方案实施不力。每次失败，都有各种说辞，很多是外因，我也因此失去了决断力，犹豫着，再信他一次。拖了大半年，才把这人换掉，但项目也失去了最好的时机。

再说起来这件事，我还是很汗颜。

自打那次以后，再有类似情况，我都会提醒自己，严格约定阶段性目标，可以允许失误，但只有两次机会，第三次之前，彻底优化，没有任何理由。有明确的节点，在公司能承担的范围内，完全相信他。

高管边听边思考，不愧是高管，马上理解了意图："回去我跟他再签一份对赌协议。"

老板很"饿"，也需要"饼"。不过，吃饼，的确是门学问。

043

升职反而更累，最聪明的管理什么样

闭嘴、装傻和提问。

我常常收到这样的问题："崔璀，我好不容易把业务做好，升了主管，却累到崩溃，每天要帮下属解决无数个问题，像个救火队员，自己的事到了下班才能做，我是不是缺少管理的天赋？"

每次遇到这种问题，我都想说，其实你最缺的，是"闭嘴的勇气"。

我最早入行，做财经图书策划，要长时间跟踪采访管理者，偷师了不少秘诀。

有次去一家公司访谈，公司老板提出了一个新的决策，高管们一个个说这个做不到，那个资源来不及。

一时间，会议室跟菜市场一样。

那位企业家不动声色地听着，等大家哭诉抱怨得差不多了，他慢悠悠地、特别平静甚至是有些好奇地问了一句："这些，是该我解决的问题吗？"

高管们愣住了，会议室安静了几秒钟。

我到现在都还记得那神奇的几秒钟。他不说话，就是这么认真地看着大家。

然后，开始有人提解决方案……

再然后，他们互相之间讨论解决方案。

会后，这位企业家跟我说："高段位的管理分三步：闭嘴、装傻和提问。"

我将信将疑："真这么简单？"

他笑着说："你试试看，沉住气，管住嘴和手，很难的。"

我后来慢慢理解了，其实能做到管理岗的人，都是聪明人。聪明人都有个毛病，喜欢说教，忍不住想给人指导。

但有时候你给了员工一个答案，可能换来他三个新问题。

而如果你向他提了一个好问题，可能激发出三个不错的答案。

好的管理，就是激发人的善意和潜力。

记住，不要让你给的"答案"，成为团队的"天花板"。

发了工作通知没人回复，是不是没有领导力

这世界上根本就没有千篇一律的管理方式。

在漫长的管理生涯中，你最需要提升的，是学习如何制定合理的目标，如何在关注目标的同时，也关注人——包括自己和他人。

你发现了吗？我们讨论的问题变了，不再讨论"我是不是没有领导力"，而是要意识到，我要怎么提升"我的领导力"。

如果你的第一反应是在想"唉，他们不回我，他们不喜欢我，我是不是没什么威信"，那说明你有很强的共情力，那么你的特质是，对他人的感受和情绪有天生的雷达，总能感同身受，也能将不同的团队融合在一起。但同时，也会陷入"妥协"的困境，因为太在乎"和谐"，回避冲突，有时为了满足别人的需求，会不断牺牲自己的需求。"同事的感受和评价"是你推动工作的最大动力，也会成为你最大的阻力。

你始终要学习的，是怎样不单纯地陷在情绪中，而且透过情绪看到每个人的需求，直击本质，解决问题。

而在另外一类管理者那里，"别人怎么想"这个问题根本不存在，他一看没人回复，会直接再发一个"收到请回复1"，甚至会直接私聊质问下属"为什么不回""看到快回"。因为他最厌恶的，就是失控，哪怕是一条信息的失控。因为这种特质，他格外有控场能力，不自觉地就会成为全场 C 位，不畏惧做决定，善于让事情的走向在自己的掌控之下。但这也容易给团队施加巨大压力，打击下属的积极性，一不小心，他会变成唯一的大脑，而团队都成了四肢。

对于这类领导者，需要修炼的则是：从控制人、控制细节，到控制大局和规则，以此来提升自己的领导力。

这世界上根本就没有千篇一律的管理方式，不要听信什么"有这样特质的人才是优秀管理者"的类似理论，你的优势就是你的领导力。它们助你成功，也给你带来困扰，不同优势的人，在管理上遇到的难题不同，解决问题的方式也不一样。只有一件事是相同的，就是不断发挥好自己的优势，让它更多地助你成功。

045

怎么把"批评"变成员工的"动力"

追问怎么办，而不是为什么。

我的管理行为最低效时，是我跟员工陷入"掰扯"的时候。

比如一个同事迟到了，低着头缩进办公室："对不起，我迟到了……"

我会很不耐烦地说："为什么你总是迟到？"

同事通常的回复是："因为今天我家马桶堵了……""我太急出门忘了带电脑，又打车回去取电脑……"

这种话真的越听越生气，心想"根本都是借口，怎么就你这么多事，其他人都能准时到"。但渐渐我发现，你越追问，他就越解释，他越解释，你就越生气。

因为"你为什么总迟到"——这是对一个人的否定，而且是一种"不管他说什么原因，我都会把它定义为借口"的否定，这本质上是在逼他认错，搞不好反而会激发他的消极抵抗，继续迟到。

同事被我骂得灰头土脸，很没面子，但好像我也没得到想得到的。

两败俱伤，而且毫无管理成效。

后来逐渐意识到，高效的管理行为是激发一个人的善意，绝对不是激发一个人的阻抗。

渐渐开始练习，换一种反应模式。

同事再说"对不起，我迟到了"时，我便换了一个问题："那你觉得怎么样才能避免迟到啊？"

就这么点变化，产生的效果可以说翻天覆地。

当我问对方"怎么办"时，他们就会开始思考不迟到的方法。

有同事表示可能要提前一天定好闹钟。

还有同事说，再迟到自罚200元。

更神奇的是，他们自己提出的方法，自己实践的意愿度大很多。

于是，我的发问方式开始有了变化：

为什么你的文案总出错别字——怎么做才能避免你的错

别字?

为什么你觉得工作没价值感——怎么做你才觉得工作有价值感?

为什么这个目标你完不成——怎么才能完成这个目标呢?

这不仅让我不再那么咄咄逼人,而且更能启发同事们提出有建设性的方法。

"你为什么总迟到",这是对过去的追责,是"解决不了的问题";而"你怎么才能不迟到",这在管理上叫"机会型问题",是对未来的启发。

用对未来的启发,解决过去的问题,事半功倍。

什么是成功沟通的基础

最好的沟通是倾听。

一个创业的朋友跟我聊天，一脸倦容："这几天确实有点累，一个高管离职了。谈话谈了三次，还是没留下来……"

他轻描淡写，一边喝着手里的酒。

但我知道他内心有多痛。我们这些创业的，背后有人，每天才冲得踏实，不怕冲业绩时夜不能寐，但是怕后方失火。

我拍拍他的肩："我前几天也遇到了一样的情况。"

朋友跟我碰了个杯，一副"同是天涯沦落人"的表情。

"幸运的是，我留下了她。"

朋友坐直了身子，一秒钟来了精神："给我讲讲。"

那天我正在深圳出差，夜里回到酒店收到两条信息，一条是明早我们飞北京的航班被取消的信息，而另一条，是我们并肩作战三年的高管，说想离开公司。

那会儿我已经连续工作了十三四个小时，感觉就像一个背靠背的战友突然跟你说"这一仗我不打了，你们自便"。你站在原地一脸蒙，不打了？什么叫不打了，还可以不打吗？

哪怕我知道，每个人都有来去的自由，每个创业者都要做好别人离开、自己留下来继续战斗的准备。

可在那个凌晨三点，我看了看第二天密密麻麻的行程，还是忍不住有点崩溃，不委屈是假的，还有不解、惋惜，甚至有些愤怒。

先说故事的结尾吧，一个月之后的一天，忽然收到了一条微信，她说："谢谢你挽留我，希望我们一起走得更远。"

后来我复盘，那次沟通之所以成功，可能是因为我做了两个改变。

第一个改变是倾听、倾听、再倾听。

我们这些做管理的，有个毛病，特别喜欢讲道理，以前没听几句，总是忍不住教育别人。但是在那三个多小时的沟通里，我做得最多的，是让她说。

而我说得最多的是：然后呢？为什么？真的吗？到底发生了什么？

当谈论完疲惫、超负荷、压力大、组织推动困难等问题之后，时间已经过去了快三个小时，最后一个小时，我们才触及问题的本质——

"在这个组织里，我觉得我没有价值了。"她说。

我做的第二个改变，是撕掉标签，相信对方是有道理的。

以前我会很费解，她升职了，是很核心的岗位，这不就是对她价值最好的认可吗？怎么就没有价值感了呢？这不就是玻璃心、抗压能力差吗？

很明显，我看似"倾听"，其实没有"听进去"。

为了追求效率，我们很容易给对方贴标签。"你就是玻璃心，你就是性格不好，你这就是找借口。"

但被现实教训了很多次之后，我大概明白了一个道理，我们能看到一切，唯独看不到自己看东西的眼睛。

以哪双眼睛看问题，决定了你能看到什么。

如果你愿意试着用对方的眼睛看问题，那么就会减少很多预设，你会愿意相信对方这样想，一定有他的道理。

你会发现，自己真的太自以为是了，自以为是到以为自己能决定别人的价值感知，自以为是到轻易就给一个困惑的人贴上"矫情、玻璃心"的标签。

但那一刻，我选择相信她是"有道理"的，我相信，只要她觉得没有价值感，那就是没有价值感。

除此之外，更重要的改变，发生在谈话之后。以前总觉得沟通完就等于搞定了，其实，沟通只是刚开始。在谈话之后的一个月里，我们不断尝试从公司层面建立支持系统，比如调整架构、优化招聘流程等。

一个人的问题，不可能只是这个人的问题，系统本身也要承担责任。看到组织的本质问题，并去积极调整，才是一个管理者最需要做的事情。

那次离职谈话之后，我总是反复想起经济学家 E. F. 舒马赫说过的一句话：

"我们倾向于首先从我们的意图来看待自己，而这些意图是他人无法看到的；同时我们又首先从别人的行动来看待他人，这些行动是我们能够看到的，所以我们容易处在误解和不公随处可见的境地。"

这就是为什么，我们始终要保持积极的沟通。

为什么你不敢"开人"

你怕开了他，就没人"背锅"了。

有时候我们明知道某个员工不合适，比如他总是完不成业绩，总跟同事有冲突，没什么创造力，或者是总扯一些假大空的专业理论，只见投入，不见创收，但很奇怪，他就是一直留了下来。而你，虽然是他的主管，烦透了给他"擦屁股"，可是，一个月，两个月，他一直在公司。

也许你会陈列出 100 个理由，比如：怕开了他也招不到人，怕老板说你不会管理，留不住人；怕工作受到影响，一下子停摆。

但要我说，有一个很隐秘的原因，连你可能都没有意识到——你不敢开他。

怕什么呢?

你怕的是,开了他,就没人"背锅"了。

组织学家发现一个很有趣的现象,每个组织都有一个"替罪羊",每次说起他,都有各种吐槽的声音,他的作用,好像就是留着"吐槽",承担责任。他一直在,是因为大家仿佛心知肚明,如果没有这只替罪羊,管理者要亲自下场挑选更合适的人;要有更得力的人弥补过失;组织重复犯错的空间也会随之变小。

比起单纯地吐槽责怪替罪羊,以上每一个动作都更有压力。

而更本质的原因,是你自己也没想清楚要怎么做。有他在,至少能让你们看起来忙一些——唉,我也很无奈,没看见我正忙着跟他谈话吗?

这难道不是用四肢的勤奋掩盖脑子的懒惰吗?如果你正处于这个情况,我想告诉你:开了他,停下来,想清楚。

因为比起工作停摆几天,思维的停摆更要命。

为什么同事总没有耐心听完我的想法

因为你没有说清"别人关心的重点"。

为什么老板不回我信息？为什么我提报方案还没说完就被客户打断？为什么同事总没有耐心听完我的想法？

职场人常遇到类似困扰，我统称为"个人影响力"问题。

提升影响力的一个重要方法是：说话说重点。这是得到老板、同事认可的重要前提。

所谓"重点"，不是"你的重点"，而是"别人关心的重点"。

比如提需求时，说重点，直接说结论。不要一开始就问"在吗？"，或者写一堆"原因和过程"，因为你所有的铺垫，都会让对方觉得，你在这件事情上"思考得不够清楚"，层层铺垫，

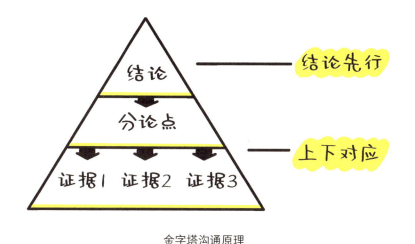

金字塔沟通原理

是为了掩饰自己的心虚；真正思考清楚时，你完全有底气先把结论摆出来——也许对方会反驳，但没关系，方方面面你早都想过了。

发面试作品时，说重点，挑你最想展示的，别丢一堆图片、视频过去，增加对方的时间成本就等于减少你自己的可能性，面试官下载、查看这些文件，真的很占电脑和大脑的内存，一口气五六个文件丢过来："我到底看哪个？"也许就因为没时间仔细看，而错过了对你实力的了解；同时，这么做也暴露出你不为他人着想，只图自己方便。

有一次我临时抓一个运营主管帮我面试，体会到了"说重点"的美妙之处。

大部分人做面试记录，就是写下来我提了什么问题，面试者答的是什么，但这种流水账，对我做录用决策没有任何帮助。

这位运营主管的面试记录是这样做的：

第一部分是一句话：建议录用，满分 5 分，我给 4.5 分。第二部分是给面试者的各方面能力打分。第三部分才是面试的问答记录。

简单明了。却因为这份面试记录，让我对她刮目相看。

我们思考问题的习惯思维，第一层是先想"发生了什么"，第二层是"我怎么看待这个问题"，第三层是"我要做什么"，高手会再多思考一层"我要跟对方实现什么"。

但如果你按照这个逻辑跟对方表达，对方十有八九会不耐烦——因为我们接收信息的思维习惯，是反过来的，我们希望能先了解主要的观点结论，再了解次要的、为主要结论提供支撑的原因，比如你是怎么思考的，具体发生了什么。

这就是"金字塔沟通原理"。想让别人听进去，首先，你说的得是对方关心的。

做管理就要当"坏人"吗

管理者不得不承受的"三宗罪"：势利、虚伪、孤独。

很少有人不想升职，毕竟那意味着更大的权利、更多的机会、更丰厚的薪水。

升职之后，会有很多立竿见影的变化，比如：更忙了；有更多决策要做；人们对你更尊重了。

但其实，还有一些隐藏的变化，很少有人触碰——它们会在夜深人静时跑出来，跟你的灵魂面对面。

比如，成为管理者之后，你会觉得自己变"势利"了。

曾几何时，跟同事们在茶水间吐槽老板，是你们工作时的一大乐趣，但有一天，你忽然发现，你开始理解老板了，不仅如此，你开始变成你曾经讨厌的老板的样子，把"结果导向""利润"挂在嘴边。为了目标可以"不顾团队死活"。

比如，你开始学会"伪装"。曾几何时，难过就哭，着急就嗷嗷叫，是你的人生准则，那是你青春时期的生命力。

后来你做了管理者。有一天你发现，你不再做"快意的事情"，你开始理解，作为一个领导者，不做随意、机械的反应是最重要的素质之一。一惊一乍绝对不是领导者的素质。你不断吸纳各种信息，进行全面、系统的分析，最后才给出反应。

你表现得越来越稳定，省略那些"软弱"的不确定——而商业社会80%的时间，都充满不确定。

你必须严肃，藏起那些"业余"的人情味。于是，你也开始变得"孤独"。一个人吃饭，一个人背锅，一个人在深夜回复战友那条字字诛心、执意要离开的信息。

你第一次发现"功成，是团队的；功败，是你一个人的"。

而你，没有抱怨的资格，没有崩溃的时间。

因为明天，还要给大家开早会。

焦头烂额之时，你也会问自己，何苦遭这些罪呢？何苦呢？

但是第二天醒来，你仍然会神采奕奕地出现在公司，因为你早就想通了：

只有足够的"势利"，才能带大家打胜仗、发奖金，让大家能工作得不那么"势利"。

　　只有学会"伪装"，才能给大家吃下定心丸，继续往前走。

　　只有自己忍受过"孤独"，才能不向任何事、任何人妥协，才能挺过质疑、赢过失败。

　　如果你也有这些感受，偶尔怀疑自己，我想告诉你，也许这正预示着，你在慢慢成为一个成熟的管理者。

　　只是，成熟的过程，会有点痛。

升职做管理，忙乱无序怎么办

先只做一件事。

一女生升职 3 个月后，来找我："做管理把我给整不会了。我自己做业绩，一个月 40 万妥妥的，升职之后，要 5 个人冲 150 万，根本达不成啊，管人好麻烦，今天这个怠工，明天那个闹情绪，一个指令要说 30 遍，每天面对着一屋子人，晚上回家感觉脑子嗡嗡的。"

这其实是很多管理者的痛点。

多数人能晋升为管理者，就是因为业务能力好，自己拿得出业绩；可是成为管理者之后，发现需要推动团队拿业绩，需要管的对象变成了人，而不是以前的"业绩"。

管事和管人之间，有巨大的鸿沟，一时间，很多人会乱了分寸。

我跟她说，如果觉得管别人太乱，不妨先只管一个人。

女生一愣："谁？"

"你自己。"

管理者要管好的第一个人，就是自己。当你下达一个指令而下属不执行时，要思考的第一件事不是"他为什么不听我的"，而是"我真的讲清楚了吗"，要想"我没讲清楚会不会是因为我没想清楚"以及"我要怎么讲才能让他愿意去做"——把着力点收回自己身上，重点会更清晰。

同时，管理自己还要注意，你要比下属"闲"，先让下属忙起来，确保当下业务正常运行——这是"图生存"，而管理者要闲下来去思考解决更大、更长远的事——这是谋发展。

就像队长的最主要职责不是进球，而是带领队员进球。这其实是要求管理者学会"分辨哪些是必须自己做的事"，也就是怎么才能用最少时间，做最重要的事，这个过程，是一种跃迁。很多人觉得如果我原来是条鱼，那么成为管理者我就是条大鱼，游得更快一点就行了。但事实是，如果你原来是条鱼，成为管理者你就要蜕变成鸟，你得飞起来。如果你想用游泳来替代飞翔，那你一定会累死，也出不了成绩。

管理者首先要让自己完成自我突破：你看事物的角度和眼光必须发生变化。不是从做一件事，到多做一件事，是完全换一种方式做事。

　　而当一个管理者能"把自己管好"，他在团队中的影响力也会相应地明显提升，主动跟随的人，也会越来越多。

　　因为，管理不是"控制人"，而是"影响人"。

口才不好就做不好管理吗

人人都能做管理。

有个管理者来找我，她刚上任，却没什么三把火的气势，蔫了吧唧："我真做不了管理，每次给大家开会，我不脸红就不错了；给他们安排工作，我都担心他们在背后骂我，我根本就没那个权威。"

我很好奇："那你觉得什么人才能做管理呢？"

她脱口而出，仿佛早就想好了答案："就是那种表达很好，很抓人，反应很快，有狼性的。"——非常标准的答案，但很可惜，管理学的对象是人。是人，就没有"标准答案"。

我想了想，问她，但狼能管一群羊吗？

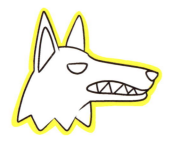
狼性领导

羊性领导

人人都能做管理

女生不理解。

"我的意思是，不是所有人都喜欢被'狼'领导的，不是所有领导都要当那个高高在上、无坚不摧的主角的。"

她不信，觉得我是在安慰她。我只好拿自己举例。

"比如说我，我现在公开发言还是会紧张，怕别人质疑，不管对方是谁，人家一反驳我就会愣住，然后过了两天，可能在洗澡的时候才反应过来，后悔当时自己没有这样那样说。"

女生憋着笑，大概没想到表面人模人样的我，原来这么"怂"。

我接着说："但即使这样，你看，我做管理也十几年了，现在不也在管理一家公司吗？"

女生好像忽然反应过来了："那是因为你很懂大家，也懂得放权，做事专业，大家信任你，愿意追随你。"

虽然还想接着听她夸我，但我还是忍不住打断了她："你也一样啊。

"你有你的优势。你的优势，就是你的领导力。展示领导力的方法，不只是对着大家喊'给我冲'，而是让大家知道你与他们同在，我们把这种管理方式，叫作赋能型管理。"

做管理，先了解自己的管理风格，如果你是"狼"，那么你思考缜密，擅长命令和控制，要求严格，不断给自己叠加工作，那么适当授权给你信得过的人，会减轻你的工作量，让你有更多精力思考更重要的事情；如果你是"羊"，那么你相信每个人都有他的聪明才干，你擅长授权，那么适当增加你的关键控制权，也能提前避险。

是狼还是羊，没有好坏对错，我们只有在自己的风格、节律上不断优化。

"优柔寡断"能成大事吗

把"端水"发展成你的核心竞争力。

一男生问我:"同事说我做事情优柔寡断、瞻前顾后的,总想着要满足别人的需求,你说这样的性格,是不是干不了大事?"

我笑,那不是,一定程度上,这样的人就是为当代管理而生的。

男生眼睛里满是疑惑和希望……

因为这类人,天生就具备了管理者必要的一个能力——"端水"的能力。

瞻前顾后的另外一种说法，是他天生就会去平衡、去满足多方的利益。

我给他讲了一个真实案例。

我们有个很内向的用户阿婷，他们公司被客户投诉了，客户要求全额赔偿，不然就告到法院，态度无比愤怒和坚决，哪怕经理和主管已经想尽一切办法解释产品没有问题。直到，阿婷跟客户做了私下沟通。

她对客户说："遇到您这类情况，是我的话，我也会跟您一样着急和生气。我们的产品，您可以亲自去检测，材质和出货技术都是做了严格把控的，但是您说的问题它确实发生了，您看需要我怎样配合您解决，我一定尽全力。"

结果客户回了一句："你们公司总算有个说话正常的了。"

几轮沟通后，客户放弃了追责，同事们拍手叫好。

其实阿婷并没有什么三寸不烂之舌，甚至在外向、强势的经理看来，她太低声下气了。但你看，她这次沟通既满足了客户的需求，又保住了公司的利益，还给其他员工做了一次"公关示范"，这算不算是做了件大事？

很多人在冲突场景中，都只会站在自己的角度说话，很难察觉对方的情绪和需求，但是"瞻前顾后"的人，天生就有这个"雷达"。

她知道客户此刻要的不是退钱，而是一个道歉——这点在强势的经理看来，是无法理解的、难以做到的。

我创业前做了 10 年高管，曾经的一个下属脾气急，直接跟老板在群里开战，老板也大发雷霆，后来下属直接退群了。

我呢，出于"端水"的本能，先跟员工沟通，再跟老板沟通，来回两三个小时，打完电话，喉咙哑到说不出话来。第二天又把他们拉到一起，直到这事彻底聊开，项目继续推进。

当时我已经怀孕 7 个月，说实话，我很不喜欢这种忍不住"端水"的自己，就跟大多数人一样，觉得自己的性格优柔寡断、效率低，我心里特别羡慕那种可以拍桌子、迅速搞定一切的人。

后来有一次盘点，HR 副总裁给了我一个反馈，她说，你知道吗？你的团队是没有"负面情绪"的团队，大家总能坦诚相待、背靠背作战。

我才意识到，工作怎么可能没有负面情绪呢，只是那些情绪，在我一次次"端水"中，被消解了。

我们总是在说，要做自己，要接纳自己，但实际上，有多少人认真研究过自己呢？明明是擅长察言观色，把各种需求融合在一起，在你手里，一碗水总能端平，却常常说自己是拖泥带水没效率。

要知道，端水也是一门学问，比如，你在消解别人情绪时，该怎么消解自己的情绪？在公司和自己的需求冲突时，怎么做才能不委屈自己？四五个人的意见都有冲突，怎么才能抓住关键问题？长期价值和短期利益怎么才能平衡？

如果一次次都能端平，这一定是高手中的高手。

所以啊，有自我怀疑的时间，不如专心研究，怎么把自己"端水"的能力，发展成自己独有的核心竞争力。

为什么说了很多次，他就是不改

因为改不了。

一男生找到我吐槽自己的"猪队友"。

"是老板特别招进来的，说什么很有能力，让我多带带他。天哪，我简直怀疑有黑幕。

"你看哈，我跟他说了无数次，提方案时要有理有据，写清楚 1234，要数据分析，他就是不改，就会说什么'我觉得''我有个想法'。"

我有点知道原因了，想打断，却插不上话。男生的语速极快，一条条罪状清清楚楚。

"还有我说，谋定而后动，对吧？给客户提案前，先摸清楚人家的喜好，想清楚策略，他偏不，一见人就扑上去直接聊。上班都不带脑子的啊！我说了多少次，他为什么就是不改？！"

他终于停了下来，气喘吁吁地盯着我，好像要等我给他的"猪队友"判刑。

我笑："因为他改不了。"

男生瞳孔一震，拒绝相信。

我说："他天生就没办法像你那样，通过'分析事情'来'处理事情'，你遇到任何事情，第一反应是条分缕析，从杂乱的现象中总结规律，必须以数据说话，而他呢，天马行空，凭借感觉做事。"

男生频频点头："对对，完全没逻辑，说风就是雨。这还不改？"

"对，这不用改，每个人的秉性不同，没有对错，不需要因为别人的标准而修正自己的特点。这是其一。

"其二，的确改不了。因为这是人的先天的行为习惯和思考方式，是由大脑的突触决定的，三岁起开始逐渐定型，怎么改？"

就像一辆车，你怎么踩油门它都不会飞，不是它质量不好，只是它没有那个功能。比起"分析事情"，他更喜欢和"人"打交道，他为什么要改？

你讨厌失控，希望身边的人和事都按照你的规则来；他呢，不喜欢跟人起冲突，所以即使心里不赞同你，表面上也不会说出来。自然是你说了那么多，结果发现，他就是不改。

男生有点认同，但不服气这么容易就被我说服："那他的业绩怎么做？"

"用他擅长的方式做，不要用你的分析力和引领力，去压制他的创新力和交往力。你只要设好目标、守住底线，然后放养——放大他的优势，这是最好的用人之道。"

与其抱怨人不合适，不如把人放到合适的位置上。

为什么你每天忙碌，却不解决问题

因为你解决的可能是"假问题"。

我先问你个问题：

假如你带一个团队，你安排工作，以身作则，很卖力，同事 ABC 也积极主动、加班加点。唯独就有个同事 D，做事总拖慢进度、总要别人"擦屁股"……大家怎么说都没用。

请问，问题到底出在哪儿呢？

也许你会说，很明显是 D 的能力问题。

但如果跳出来观察，你会发现，多数情况下，D 的能力问题，是个"假问题"。假问题的定义就是，你努力解决，但总也解决不了。

那么"真问题"是什么？真问题是，这个团队"配合"了他的拖延。

不信你看这些情况是不是存在——

同事们抱怨他拖慢进度，却总是拖到最后一刻才催促他；主管批评他不主动，却总是帮他擦屁股，不做实质性的重罚。

于是，整个团队不知不觉就"配合"了他的拖延。

那为什么会"配合"呢？

一个微妙的原因是，业绩差，团队压力太大了，这种时候D的拖延，就满足了大家"慢下来喘口气"这个潜在需求——"你看，D还没交方案，我周末先去休息下。"

D的存在给了大家一个"推卸责任"的对象。这，才是"真问题"的根源。

你只想着解决D的拖延问题，这就像你花大把时间和钱去治疗脸上的那颗痘，而不去调理作息和饮食，那颗痘一定会不停地冒出来。

发现真问题，才能对症下药；沉迷于假问题，只会原地踏步。

所以，你需要做的，是给整个团队做一次"体检"和"调理"——

检查业务问题：永远先回到产品。你的产品，客户是不是真的需要？是不是能满足用户需求？

检查效率问题：团队对效率有没有共识？没有达到效率是否有明确的惩罚？

检查用人问题：人岗匹配吗？D是真的拖延还是他的能力模型本身就不符合这个岗位？

检查沟通问题：下属跟你说"知道了"，是他真理解了还是他怕你不耐烦；下属说"做不了"，是他真的做不了，还是他不想做？

德鲁克先生有句话，放在这儿挺合适：没有比高效率地做无用功更无用的事了。

你怎么看？

职场"小白兔"留不留

<mark>放人家一条生路。</mark>

　　一个朋友，做管理好几年，最近却为一个同事的去留苦恼。

　　"我到底要不要开了她啊？那个负责社群的同事，工作态度特别好，你跟她说什么都秒回你'好的好的''马上就改''谢谢指导'，就是业绩不行。不开掉她吧，我得花更多时间带；开掉她，担心团队氛围都会受影响，她人缘那么好，开掉她会觉得自己做了坏人。"

　　职场总是有类似的人，态度好，能力不行；人缘好，业绩渣。

　　按说成熟的职场人，用业绩说话，不行就淘汰。但我了解我这个朋友，她天生与人为善，在乎别人的看法和评价。你跟她说，对事不对人，这话她听不进去，在她的价值观里，人际关系大过事情本身。

我想了想，换了个说法：开掉她，你才能做个好人。

朋友来了兴趣，侧头看我。

"作为领导，留下'职场小白兔'，那是对其他同事最大的不公平。你想啊，每个人都拼业绩，要靠团队配合的，每次到'小白兔'这里都掉链子，她又楚楚可怜，同事们是说还是不说呢？都想做好人，那谁为这个团队负责呢？你能为团队做得最好的事情，就是只招聘那些高绩效的员工来和他们一起共事。"

听到对其他人的不公平，朋友有点失落。

"其次，这也是对你的不公平，因为作为管理者，你需要的是帮手，是一个个能打仗的、业务比你还要强的高手，你需要的，可不是学生。"

朋友眼神又忽闪了一下，我知道，她在想怎么跟"小白兔"谈话了，这对她的确不容易。

没有不合适的人，只有没有放到合适位置上的人。你用不好人家，还不赶紧放别人一条生路？

这只小白兔，去到更合适的地方，万一能变成狼呢？

员工突然提离职，是谁的问题

如果一个你认可的员工忽然跟你提离职，那说明作为管理者，你已经失职了。

有一次跟几个管理者吃饭，闲聊起来，我随口问了句："你们做管理最怕什么呀？"

其中一个中级管理者说："最怕什么？最怕突然收到员工的一条信息说'我想了很久，终于下定决心，跟你提辞职'。"

另一个管理者，刚上任没多久，一下子像是被说中心事了一般："对对，忽然就要走，我做得还不够多吗？天天忙着给大家擦屁股。"

"现在95后真的情绪化，想一出是一出。"他们很快就达成了某种共识。

"对，新一代年轻人，的确要用新的管理方式。但是……"我想了想，说，"但咱们反过来看哈，如果一个你认可的员工忽然跟你提离职，那说明你的管理已经失职了。"

如果你也面临类似的问题，有四个问题，你可以先问问自己。

第一，你在工作中有没有定期沟通。保持跟员工谈话的频率，主动及时地发现他状态的"不对劲"，而不是拖到他快崩了找你提离职。

第二，你知不知道他真正喜欢做什么、有没有鼓励他用自己擅长的方式去做。因为如果不是发自内心认可所做的事情和做事的方式，任何一个困难，都能成为他放弃的理由。

第三，你是否评估过他的综合能力。这个很考验管理者的判断力。因为当一些人还在 4 楼，而你硬把他拉到 10 楼时，很多人出于自尊心，或者他自己其实也不了解自己，会伪装自己很适应 10 楼，但是积压太久后，他会想"跳楼"。

第四，你有没有让他发自内心地相信，你们之间是可以坦诚沟通的。他有话敢跟你说吗？他相不相信，你是可以和他共同解决问题的？

这四个问题，我都中过枪，之后我才发现：没有哪次离职是意外，所有的离职都是蓄谋已久。

但这四条，除了提醒管理者，也提醒每一个职场人都自己问自己一遍：如果你的管理者做不到，你就要反向去管理他，把"离职的预谋"变成"翻盘的机会"。

尽力沟通。这是职场中最该花力气的地方。

千万别一赌气，"想当然"就拍拍屁股走人了。我可以走，但是话要说清楚。人和人之间的沟通80%都是无效的，都是"我以为你应该理解我"。但其实不是这样，人类的悲欢并不相通，比这个更残酷的是，当你表达了一次，对方也并不一定就能理解。

鼓起勇气，发起一次又一次积极沟通，确认沟通无果了、努力无效了，我们再挥一挥衣袖离开。

走，也要走得清清楚楚、明明白白。一别两宽，才能江湖再见。

057

作为管理者，既敏感又强势怎么办

发完火，记得道个歉。

一女生最近的困惑是，感觉自己身体里有两个小人在打架，一个小人叫强势，跟同事有冲突时，总想控制住场面，如果别人不听自己的，就感觉很恐慌、很愤怒；另一个小人，是敏感——一转念，又自责是不是伤害到别人了。

"怎么办，外表金刚石，内在玻璃心，想得太多，感觉好累啊！"

我其实特别能理解这种拧巴，也能理解这种"累"，心理内耗最累人，什么都没干呢，已经累到不行——毕竟，内心经历了一场又一场战争呢。

"那怎么办呢？是不是像我这种想太多的人，只能这样？"女生很急迫。

"你可以再多想一点点。比如，'敏感又强势，有什么优势？'"

"啊？这不是自我安慰吗？"

"心理内耗，主要是对自己要求高，容易苛责自己。一味打压自己，只会越来越紧张，越想逃避，造成状态上的'向下螺旋'。不妨从问题中看到资源，我这种特质，有什么优势？它给我带来过哪些好处？我要怎么才能更好地管理它，而不是被它管理。这叫作积极思考，会让你的状态进入'向上螺旋'。"

比如，发现自己的优势——敏感说明什么？说明你共情能力强，你能快速地觉察到别人的情绪和需求。强势呢？它说明你引领力高，你有领导和支配别人的欲望。那如果把这两者有效结合在一起，会发生什么？你会成为一个受人追捧的好领导。

因为你既不会像一个弱势的领导者那样，只顾着下属的感受，推不动进度，也不会变成一个暴君，为了达成目标，不顾别人死活，这是多好的领导力啊！

但可惜的是，很多人并不接纳自己敏感多情的那一面，他觉得这是脆弱，"管理者不能这样"，硬给自己只保留强势的一面：我凡事都要赢，打死都不认错。但每当夜深人静，又会忍不住

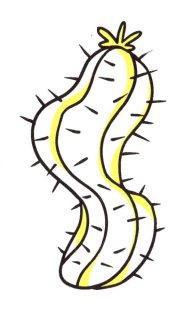

既嘎嘣脆，又软糯糯

自责。

　　如果你既敏感又强势，最好的方法，是将它们结合。你坚持己见，为了达到目的哪怕拍桌子发火——引领力帮你提高效率；结束之后，不妨道个歉："不好意思，刚才有点太着急，我们的目标是一致的。"——共情力帮你托住别人的感受，建立你跟大家的联结。

　　既嘎嘣脆，又软糯糯，是难得的领导力，它是你管理中的糖。

要不要在下属面前暴露自己的弱点

坦诚，是最高效的生产力。

　　一男生找到我，垂头丧气："感觉我都快被下属罢免了。他们觉得自从我升了主管，就开始帮老板压榨他们，定各种高目标、各种制度。那我也很难啊，目标是公司定的，我总不能说完不成就算了，说我其实心里也没谱吧……心累啊，搞得我现在吃饭都一个人，他们根本不理解我啊……没想到做管理这么累，心累……"

　　我试探着说："可能你从来没给过他们理解你的机会吧。"

　　男生不理解地看着我。

　　"比如说，你的两难，跟他们说过吗？"

男生更不理解了："那不是暴露自己的软肋，影响威信吗？"

这类想法再普遍不过，管理者硬撑在那里，内心已经虚了。

"但你想过吗，假装强大，只会吸引那些来依附你的人，而不是能跟你一起打仗的人，这不是威信，这是一种负担。"

男生不说话，显然，他几乎没从这个方面想过。

抛开别的不说，管理中最不累的方式，其实是坦诚。

隐藏会带来猜忌，猜忌会带来内耗。而袒露作为管理者的顾虑，对团队的需要，反而能激发对方的"被需要感"和"主人翁意识"，这比任何制度和高谈阔论都有效。

真诚袒露你自己的内心，你真正相信和追求的东西，这比得过任何规章制度和高谈阔论。真实比高调更重要。

我给管理者讲课时，会建议大家，新员工第一课一定要亲自讲，讲述公司的愿景和历程，讲述你对这里的期许和愿望。在公司内部，我自己会在所有新员工培训之后，加一个 CEO 座谈会，面对面坐着，听他们的理解和不理解。

这对于不同级别的管理者来说，都是一样的。

同样，也要让下属敢对你坦诚，在他遇到困难时，不用非要给他鼓劲儿、道德绑架他。要允许他表达情绪，跟他一起面对情绪。

他陷入困难，要回答他"嗯，这的确很难"，而不是"这有什么难的，你看人家都能行"。真实比正确更有力量。

再比如公司遇到困难，不用非说前途一片光明。我们在公司高管会上，会公开所有营收数据，哪怕，那个数据是亏损的。盈利时，这个动作不难做，那叫庆功。亏损时，我也会担心，万一有人失去信心怎么办？但还是坚持这样做，很重要的一个原因，就是希望通过这种方式，筛选出能真正一起扛事的人。做任何事，都不可能一路顺遂，困难中见英勇，见谋略。跟企业同甘共苦的人，才是值得交出后背的人。

为了能够保持坦诚，我们可以建立日常性的沟通机制和沟通渠道。在我们公司，有透明会议室文化，任何人都可以进办公室随意旁听，及时地了解最新的信息。

我知道有些公司，管理者会保持给团队写信的习惯，每个人越能理解公司的业务和挑战，那些政策、审批就越不重要。有时候，真实比规则更高效。其实有了坦诚这个意识，员工自己也能创造出各种方法。

坦诚，是赋予对方权利的方式，一个公司最有权力的人，不是职位最高的人，而是掌握信息最多的那个人。

记住：坦诚，不是投降，而是团结，是筛选。

如何拒绝别人还不伤害关系

你愿不愿意帮忙，比你能不能帮上忙，更重要。

一女生最大的困扰是，不知道怎么拒绝别人。

"我好怕拒绝别人，怎么办啊？感觉每拒绝一次都得罪一个人，人家以后也不会帮我了。但是我也有好多工作要做，同事一会儿喊我帮忙讨论个创意，一会儿喊我帮忙做个方案。头秃啊！要是有那种万能的拒绝公式就好了。一句话，轻松拒绝，人家还不生气的那种！"

我没有万能的拒绝公式，但有一个心法：不同的人，需要不同的拒绝方法。

比如，有一种人很强势、性子又急，每天风风火火，一张嘴就是："这事必须明天有结论，你帮我……"在这样的气场面前，很多人只有点头答应的份儿。

这种人天生就有种"很难被拒绝"的推动力，所以想要拒绝他们又能维护关系，要注意以下两点。

1. 不要绕弯子：这类人目标感都极强，所以不要跟他绕弯子说什么"我其实很想帮你，但我又怎样怎样……"这种话他根本没耐心听。

2. 实实在在说出你能做和不能做的：这类人紧盯着"事情"，一门心思想要马上行动，所以你可以拒绝"大忙"，帮一些你力所能及的小忙。比如，"你这个想法特别赞，我精力有限，不能帮你逐个找客户，但我可以帮你发朋友圈问问看，有感兴趣的，我对接给你。"

而另一类人，就不能这么"直接"了。如果对方是比较敏感，看重人际关系的人，就要认真"客套"一下。比如一个这样的人可怜巴巴地看着你，问你能不能帮他介绍个客户，你的反应一定是"你看这眼神，感觉拒绝你，就是我的罪过"。

这个时候，要注意以下三点。

1. 感受先行：你要坦诚地把你当下的感受说出来。有一句温柔且坚定的话，可以试试"其实要拒绝你，对我来说，真的挺难"。

2. 再表达拒绝：只是我实在没有这个能力和时间。

3. 如果有需要，可以共同探讨其他方案。

"其实要拒绝你，对我来说，挺难的。"这句话的背后，是"真诚"，我向你坦诚地表达了自己的为难，因为在乎你，所以拒绝你很难。相信和你一样敏感的对方一定能感觉到你的在乎。你的认真对待，对他来说已经是一种支持了。

　　每个人都有自己的需求，也有自己的为难，坦诚讲出来，至少能用真心换真心。

　　有时候对别人来说，你愿不愿意帮忙，比你能不能帮上忙，更重要。

我说了这么多，为什么下属就是不听

先解决情绪，再解决事情。

一个新晋管理者问我，能讲的道理都讲了，同事就是油盐不进。怎么会有这么黏糊的人，有问题就解决问题啊，黏黏糊糊不知道要什么。

我以前也是这么想，对事不对人，大家都职业点。工作嘛，就是发现问题，解决问题，下班回家。

比如一个同事最近工作不顺，跟我诉苦，我以前会马上开始讲道理："哎呀，知道你累，但是其实大家都挺累的，我昨天只睡了 5 个小时。"——比惨式讲道理。"我懂，我都懂，但是咱得这么做。"——敷衍式讲道理。

结果，越聊对方越不说话了，我也一肚子委屈："我讲得多有道理啊，我这口干舌燥的，怎么一点反应也没有啊！"但后来我意识到，"问题"的背后，是人。有人的地方，就有情绪。

我讲的每一个道理都在暗示对方——他遇到的问题并不难，是他太弱了。但最后，你在道理中赢的，都会在情绪里输回去。

但"先进的职场人"不愿意承认这些。他们说："我没有情绪，我们来谈谈这个问题怎么解决吧。"

但如果在这里多停留一会儿，你会发现，这个谎言很容易被戳穿。

如果没有情绪，为什么你明明应该马上打开文档写方案，却东摸摸西摸摸，磨蹭了一整天？你没有意识到，这种抵触心理，来自上一次你提交了一个方案，老板看了一眼就说"太粗糙"，你感到"沮丧"，所以没有信心重新开始。

如果没有情绪，为什么搭档说什么，你都想反驳他？你没有意识到，每次他一讲话，你就后背僵直，你的"烦躁"来自他常常不按照约定做事情，让你觉得不受尊重。

人们误以为"管理情绪"等于"消灭情绪"。可是，情绪是消灭不掉的，它就在那儿。

要想把事情推进下去，你只能先解决情绪，再解决事情。

邀请对方，充分地表达。想象你们俩之间的话筒，总是递在他嘴边。

"哦，所以你是怎么想的啊？""你愿意再多说点吗？""我挺好奇的。你怎么看？"——先请他说，然后再去确认他的感受。

"所以你现在遇到的问题是转化率上不去，对吗？""所以你现在觉得这事特别困难是吗？""你的意思是，你特别抵触做这件事，是吗？"——还是请他说。

最后，通过提问，启发他自己解决问题。

"我大概理解了，你以前遇到这种情况会怎么办呢？""你有什么初步的想法吗？""万一遇到新的障碍，你会考虑怎么解决吗？"——一直让他说。

每个人都有属于自己的潜力，只是有时候，它们被情绪堵住了。

061

团队带不动，要不要重新招人

没有不好的员工，只有不好的管理者。

一男生嘴角起了一个疱，说话都费劲："上火了。团队不行，带不动。搞得我天天在公司发火，恨不得都换掉。"

我好奇："怎么就都不行呢？"

"我跟你说，小王也算是老员工了，在公司快3年了，到现在，还是老毛病，光说不练，有各种各样的想法。我一看，想法都挺好，那你就去干吧！可每次一执行他就掉链子，你说计划得再好有什么用？现在他一提新点子我就冒火，想那么多有什么用？小李倒好，完全走另一个极端，上班不带脑子，计划没有，想法没有，挽起袖子就干，蛮干有什么用？"

"所以你希望小王想法少一点儿，实干多一点儿？而小李实干少一点儿，想法多一点儿？"

"对啊！这多好！"男生说。

这是很多管理者容易犯的毛病——想把下属变成标准化的一样的人。就像上学时候，德、智、体、美、劳要全面发展，平均分要高，不要偏科。但一个人的核心竞争力，最拔尖的地方，才是他在职场最大的价值。而且，想让员工按你的想法改变，根本就是幻想，一个人最本能的优势，是天生的，很难改变，不要逼一个参谋上前线，也不要让一个武将拿笔杆。

不要怪人不合适，但要把人放合适。我们没办法改变一个人，但我们可以改变一个人的位置。

比如，小王想法特别好，点子多，小李执行能力特别强，脑暴提案的活儿就交给小王，执行落地就由小李负责。如果一个大活动，就交给他俩配合去做。

没有不合适的人，只有没放对位置的人；没有全能的个人，只有全能的团队。

管理者首先要有一个信念：我们现在拥有的团队，就是我们能拥有的最好的团队。就是这些人，要把这场仗给打下来，你作为指挥官，要发挥指挥官的作用。员工没发挥好，没执行好，自己先反思：我有没有把人放在合适的位置上？

如何管理比自己年长的员工

不要三把火，先来三把水。

一个参加我们课程的学员问我，自己刚被提升为主管，提了很多新建议，但同事们都不听他的话，处处质疑他，特别是团队里还有比自己年长的老员工，该怎么做？

有句话叫作"新官上任三把火"，好像不风风火火来个天翻地覆，都对不起这"新官"两个字。

我第一次做管理，也是这么干的。假模假式装领导，给别人提意见，公开批评树立权威。一顿操作猛如虎，前辈权当我纸老虎。结果呢，搞得我俩关系特别差，甚至影响了业绩。

简直就是，放了三把火，反而"引火烧身"。

后来我总结，新官上任，管理比自己年长的员工，还是得先来"三把水"。

第一，在细节上"放水"，不要在细节上干涉他的专业，给足空间，这对他来说，感受更好，而对你来说也有益。人的精力有限，作为管理者，要抓大放小，把精力放在最重要的事情上。

第二，在权力上"放水"，不要挑衅他在公司的权威，姿态放低。老员工有老员工的业务权威，这也是公司很宝贵的资产。同时要明确分工，专业上听他的，资源整合听你的。

第三，在好处上"放水"。很多新官喜欢通过指出下属的缺点，来凸显能力、彰显权威，讲得头头是道，不容反驳。可别这样，因为你太正确，就显得人家错得特别多，反而会激起大家的对抗情绪。聪明的管理者话不多，他们首先去倾听下属的需求，满足对方的需求，就是对方肉眼可见的好处，从里面挑出你们共同的需求，作为切入口，管理阻力就会小很多。说服一个人，不靠道理，靠好处。

放了"三把水"，感受照顾到，信任逐步建立。最后提醒一点，在目标上，绝对"不能放水"，要跟他定出一个双方都认同的目标，以及对这个目标的考核标准。

有了这个前提，其他的水，该放就放吧。

毕竟，做管理看的不是资历和脾气，看的是你能不能激发人的善意和潜力。

真正厉害的管理者是什么样的

管理的本质是激发，真正厉害的人，从不会让别人显得没用。

　　我以前做投资时认识一个前辈，专业过硬，但是好几年了，都还是单打独斗，总碰上他一个人出来谈项目。我实在忍不住，问他的老板，为什么不给他配自己的项目经理？

　　老板苦笑，他搞不定啊，配了好几次团队，没几个月小朋友都撤了。我还劝那些小朋友，跟着他能学很多东西，人家也都不愿意。我也是奇怪了，明明自己很厉害，但是带团队就是带不起来。

后来我自己创业，离开了投资圈，也就没再关注过这件事。前段时间，我看一个综艺，不同艺人组队比赛。其中一个队长，是歌手界老前辈，论专业能力，无人能出其右。

但遗憾的是，像他这样厉害的人，在带团队上，却遇到种种麻烦。

比如，他在组队时，会把队员安排得明明白白，谁唱歌，谁弹琴，谁跳舞。看上去齐齐整整，好像很好，但是没有一个队员觉得好。其中一个队员甚至跟节目组说："他根本不问我们的想法，口口声声说为了我们好，就像是爸妈说，是为了孩子好，但不是我们想要的。"

看到这段，倒是让我一下子理解了当时的前辈。

不管是投资界的那个前辈，还是这位歌唱家，他们都有一些共同的特点：

引领力强；自信、坚定、有主张；业务能力强；单打独斗时，很容易得到老板的信任。

他们也都很负责，为了能拿到最好的结果，把能安排的一切都安排妥当。

但凡事都有两面性，太过强势，忍不住想控制一切，容易让自己成为唯一的大脑，而别人都变成了四肢。四肢们不想当四肢，肯定反弹。

厉害的人，既要做到有能力，也要有号召力，就要有两点改变。

1.控制该控制的。

每次忍不住想控制细节时，按捺住自己，去控制规则。把大方向定好，把奖惩制度、工作边界制定清楚，给团队留出空间感。

2."科学"控制人。

让控制欲强的人"不要控制别人"，对你来说简直违反天性，而且坚持不了太久。索性继续控制人，但是要科学有效。你得基于每个人的天性特质，把他们安排到合适的位置上。比如，分析力强的人，让他们做军师，出谋划策，他们就会愿意服从这个安排，但你让他们去做前锋，马上行动，他们肯定反弹。因材施教，是让你的"控制欲"得以顺利发挥，并且取得卓越效果的前提。

高手管理者，切记不要因为自己本身的厉害，而让团队里的其他人显得没用，或者丧失自信。

因为管理的本质是激发，是启发，是把每一个个体安放在最合适的位置，然后静待他们自身的爆发。

064

工作中为什么要做"标题党"

给对方一个看见你的理由。

新来的人力主管特别苦恼:"发了会议通知,一个个都不回。要是开会缺席,你去问,他就跟你说,信息邮件实在太多了,没看见。呵呵,难不成还要一个个去盯着他们看手机通知吗?都是管理者了,一点基本的职业素质都没有。"

我问她:"一般你通知都怎么发啊?"

"就正常发啊。公司5周年,管理层决定于明天下午2点至5点举行庆祝仪式,希望大家可以穿正装,我们需要拍大合影。时间、地点、事件都写清楚了呀,他们根本就是装没看见。"

"是,想让他们都看见,你开头还差了一句话:明天下午不上班。"

人力主管不理解，我又不是文案组的，怎么发个通知还要我做"标题党"。

我们总觉得，自己手头在做的事，是天下最大最重要的事，是公司要求的，是领导要求的。职场又不是学校，拿老师吓唬人，根本没啥用。而且他们手头做的哪件事不是为了公司利益呢？

想要推动更多的资源，就要给他们一个注意到你的理由，这不是什么过高的要求，这是一个职场人基本的工作职责。

这个时代，每个人都信息过载，每条新闻每个广告都想方设法脱颖而出，抢占读者注意力——不管我们承不承认，我们已经被互联网、被算法培养出了一种"筛选信息"的能力，不够精彩的，全部自动忽略。

想得到别人的配合，给他一个配合你的理由。

想被别人看到，给他一个能"看见"你的标题。

下属没有积极性，怎么办

管理不靠"催"，靠"问"。

一男生刚做主管不久，跑来问我："我想请教一下，我的下属做事没一点主动性，也没上进心，推一下动一下，我不催就不做。但这样对我消耗实在太大了，有时候自己手头事情一大堆，一看他们的活儿还没有任何进展，一下子就火了，他们也嫌我急躁。你说我该怎么激发他们呢？"

我们做管理，其实都经历过这个阶段，"新官上任三把火"，生机勃勃到处巡逻，看着这个不对，提醒一下，那个慢了，推一推。

但很快你就会发现，事情并没有按照你想的那样发展，下属好像一种小玩偶，你拧一下，他跑几步，但很快就停了。

后来观察了很多管理者，我才渐渐发现，持续的"催"这个动作，其实有反向作用。你越"主动指导"，对方就越"被动消极"。

"你方案赶紧出来啊！""月底多给客户打打电话呀！"这话是不是特别像小时候爸妈催我们写作业，原本我们可能正打算做，但一听到这句"命令"，反而会开始抗拒，或者边做边拖。

为什么？因为原本这件事是"我要做"，可你一催，变成了"你要让我做"，你越"主动指导"，对方就越"被动消极"。心理学上，这叫作"你破坏了他的内在动力"。

所以，催只会催出一个60分的结果。但有个方法可以保护一个人的内在动力，就是"学会提问"，"问"可以问出一个80分的结果。

我举个例子：

主管：做这次活动你想销售多少书啊？

员工：目标是1000本，但我觉得好难。

主管：其实不难，你仔细想想，其实可以做活动，还可以增加新渠道，这都是已经做过的事。

员工：哦。

员工也会去做，但很大的可能是，他遇到问题，很容易往回缩，一边还想着"你看，我就说了太难吧"。

因为他的"做"，是由"外在动机"推动的，"老板让我做的"，外在动机相对短暂，也更容易消失，需要不断地激励才能维持。

换个方法：

第一问，问目标。

主管：做这次活动你想销售多少本书呢？

我：1000本，目前感觉好难。

第二问，问方法。

主管：那你还有别的方法达到目标吗？

员工：再找一个渠道吧。

主管：如果那个渠道不行呢？

员工：那我真的不知道怎么办了。

主管：这个的确有挑战性，但我相信以你的活动经验，可以再想出几个办法。

员工：我有想过让作家到场组织读者互动，或者在网上再发起一个招募。

主管：嗯，你是有办法的。

做管理，有时候是需要反本能的。在你忍不住想去催那个"不主动"的同事前，按住自己的手，管住自己的嘴，试着相信

"他是有办法的"，去问问他的办法，哪怕那个办法不行，但这个人会越来越行。

其实掌握一些管理思维，在任何场景下都会事半功倍。比如你面对一个看似有"拖延症"的老公（老婆）时，不要催他"你赶紧去找人修空调"，而是问对方："我待会儿刚好空，你什么时候想找人修空调的话，我们一起去？"

比如，你面对一个东摸摸西摸摸、作业老是拖到最后的孩子，你不要催他"赶紧做作业"，而是问他："晚上要不要一起搭乐高？但10点咱们要睡觉了，你今天的作业计划打算怎么制订啊？"

这时候，你传递出的信息是，我把决策权还给你，把节奏还给你。

就是这些微妙的信息，让人和人之间产生了信任和尊重。

066

同事玻璃心，怎么管

==学会赞美是每个管理者的必修课。==

一个高管来公司谈业务，末了聊了几句管理问题，他的苦恼来自同事都太玻璃心了。

"现在的小孩真让人头疼，说两句，脸就耷拉下来了。要什么正反馈，事情做成这副鬼样子，好意思要正反馈？

"你有没有发现，以前咱们更好管，老板一瞪眼，马上就立正站好，反思自己，但现在我们习惯的管理方式威力越来越小了。"

看得出，他是真困惑。然而，困惑的人绝不只有他。

记得有一次我批评了一个下属。

他在我办公室哭得一把鼻涕一把泪，很委屈，说自己一直很想得到认可。

当时我觉得很烦躁："错了就认错，对了就继续干。没做好，怎么给认可？没有别人的认可，就不干活儿了吗？"

我工作了十几年，几乎没有得到什么口头上的认可，老板只负责指出问题，我们每个人每次上会，都战战兢兢，如履薄冰。但是只要成绩做出来，升职加薪都会发生，只要把事情做好，心里就踏实。

我们那代人，没有得到过什么认可的人多了，不也这么一直野蛮生长吗？

我当时还把这个故事讲给同事听，一副"你看看我们"的嘴脸，那个时候觉得自己特别客观、特别正确。

然后，同事的状态更差了。

那时候我也很困惑，同时意识到，我们这代管理者正面对新的挑战：习以为常的手法失去了效力。

我花了不少时间，去理解这一切。慢慢发现，其实这个同事不是个例，越来越多的年轻同事"吃软不吃硬"，他们对规则嗤之以鼻，对强权不屑一顾，他们抗拒被强迫。

我们面对的被管理者变了。

这一代年轻人是生长在互联网时代下的，互联网是反权威的，在互联网环境下，所谓权威，最容易翻船。心理学家埃里希·弗洛姆说："今天的人们不再生活在教会权威和道德条规下，而是生活在公众舆论等匿名权威之下。"

如果你面对的是新一代人群，那么你的管理方式就要随着时代而改变。

时间慢慢修正了我的想法，现在回头看，那时候以为的"正确和客观"，竟然有点"主观和狭隘"。

首先，如果我们希望一个人变好，那我们要知道，所谓"变好"，不单单是他的"成绩"变好，还有他的感受变好，所谓"变好"，是他用自己能接受的、擅长的方式变好，而不是硬熬。老一辈会跟我们说，吃得苦中苦，方为人上人。新一代年轻人更愿意相信，我得遵从内心，快乐工作。

我们总以为"你要别人具有怎样的优点，就得批评他的缺点"，但丘吉尔说："你要别人具有怎样的优点，你就要怎样去赞美他。"

其次，管理者眼中的问题，很可能是下属努力半天的解决方案。

你不能因为他没达到你的预期，就彻底否定了别人的努力。肯定对方，才能让对方持续愿意努力，让他相信自己可以。

最后一点，也是我认为最重要的教训：

每个人的强项和弱项、需求和渴望，都是不一样的，你不想要赞美，不代表别人不想要。如果别人很想要，你恰好又有，几句赞美，为什么不给呢？

在每一个管理者的"经费预算"里，都应该有"赞美"这项支出。

我开始学着赞美（没想到赞美比批评可难多了）。

你这方案怎么回事啊，注意细节！——这个方案很完整，如果这几个细节能处理得更好，就会更好。

你太盲目了！根本不在意数据吗？——能感觉到你在不断地想要突破创新，不过要注意，以结果数据为先，别盲目。

渐渐我发现，"赞美"是这个世界成本最低、回报最高的美好。

你也可以试试。

怎么管理有拖延症的人

要找到拖延的本质原因。

职场里有个经典问题，叫作"拖延症"。你对下属说了 N 遍"下次早会你不要再迟到了""不要再晚交方案了"，然后他依旧推迟，而且总有理由，"自己没睡好""堵车了""都怪别的部门耽误了"等等。我听过一个最死循环的沟通：

"为什么你老是拖拖拉拉！"

"是的，我也好痛苦，但是因为我有拖延症……"

但这些看上去"合理"的理由，其实都没有指向本质原因。

那个总是开会迟到、上班迟到的同事，他坐飞机也迟到吗？

十有八九，不会。

为什么？因为他知道，飞机不会等他。

所以他总迟到的本质原因是什么？是"迟到也不可怕"——因为迟到的"结果"只会是你的一顿唠叨而已。

甚至可以说，他就是"冲着迟到去的"，反正只是一顿唠叨而已，比起能多睡半小时，根本没什么啦——这其实是心理学家阿德勒提出的"目的论"，人对于"结果"的预期，决定了人的"行为"。

我们以为是原因决定结果，但很多时候，是对结果的预期，催生出了那个"原因"。

也因此，要管理有拖延症的人，不是去念叨他让他下次8点到，而是：

1. 要明确地让他知道，他8点到和迟到，会有什么"结果"上的差别；

2. 要保证这个差别，是他真正在乎的。比如有的人在乎钱，那就扣钱；有的人在乎同事关系，那就扣他同组同事的钱；有的人在乎自己的面子，那就公开提醒；等等。

管理的第一层是"管理行为"，但结果往往是"你管得心力交瘁，他听得心烦意乱"，而更高段位的管理，是"管理对方的预期"，我称之为四两拨千斤式管理——你只是说了"还有5分钟，我们的舱门即将关闭"这句话，对方便开始主动管理好自己的行为。

选择人还是培养人

不花时间选对的人，就永远在带错的人。

新晋管理者都有一个困扰，怎么手下人变多了，但做起事情更累了？

一个初级管理者向我求助，怀疑自己不是做管理的料。

"带了三个月的团队，我比自己做业务累一百倍。方案我要改到凌晨，每个客户我都要亲自跟，天天追着给他们擦屁股。团队里一个帮手都没有，是不是我带人的方法错了？"

她跟我仔细描述了团队成员的擅长和不擅长，以及各自的做事方法。

答案显而易见：不是带人的方法错了，而是你带的人错了。

管理者有点意外。

我问她，你每周要花多久帮他们？

"三四天吧。"

"你当初选他们的时候，花了多久？"

"连初试带复试，三四个小时？"

——不花时间选对的人，就永远在带错的人。

我们常常忽略一个最基本的问题：谁来做？

有多少管理者在他的管理生涯中，能认真思考并清晰回答出这几个问题：

1. 有多少合格的候选人？

2. 你定义人才的标准是什么？

3. 如何评鉴人才，以做出正确的选拔和任命？

4. 任用后，如何辅助他成功？

被誉为"全球第一CEO"的杰克·韦尔奇曾说，在担任GE初级经理时，他有一半的人事任命都是错的；30年后，他依然有20%的人事决策是错的。

韦尔奇尚且如此，更何况是我们这些普通的管理者了。

彼得·德鲁克先生在《如何制定人才决策》一文中写过："领导者在管理人才和制定人才决策上所花的时间是最多的，他们也理应如此。其他决策都不会像人才决策的影响那样持久和深远，也没有其他决策像人才决策那样一旦做出就难以取消。"

但很少有管理者意识到这个问题，多数人埋头于具体业务，直接挽起袖子开始干活儿了，比如"教人做事或者帮人擦屁股"。

但我们最需要记住的是：管理者的职责是协调指挥、排兵布阵，而员工们才是真正作战的人，合格的员工在各自的战场上，作战能力都应该比你强。

选人是 1，带人是 0。

如果没选对人，你花大把时间去带人，结果还是只能收获 0。

但你用这个时间去选人，你就能收获一百、一千、一个亿。

《原则》一书里有一句话：要用对人，因为用人不当的代价高昂。

值得每个管理者放在办公室里，一日三省。

你为什么总"出力不讨好"

大概是因为你出"太多"力了。

我一个朋友，尽职尽责，谈客户一把好手；从业务干将被提拔成管理者，也就花了一年多时间。升职没多久，她找到我，没想到，一向昂首挺胸的她，这次竟然气馁了。

"他们在背后骂我母老虎，我在群里说'收到回复'，没一个人理。他们都嫌我目标定得太高，说我挑刺、难搞，不顾大家死活，搞得好像我很享受这个权力、很舒坦一样。明明我才是加班到最晚的那个，我才是挨老板批的那个！目标高，那是公司的要求啊，完成高目标，大家才都有钱分啊！"

原来是觉得委屈。再强势的人，也都希望被看见、被公平对待。

我想了想，还是决定有话直说："因为他们觉得，那是你的目标吧？"

朋友不理解："怎么可能，我们是一个团队的。"

"那你是怎么给这个团队分工的呢？"

"工作我全都拆解好，列了十几个表格去分工、去统筹。他们够够手就能达成，可就是一动不动！"

问题就在这里！

"听上去，在这个团队中，你是大脑，别人是四肢。当然，你不是故意的，因为你天生厌恶失控，喜欢把每个环节都安排明白，让大家在你的规则下运转。但这就是矛盾点，你既要控制，又要他们主动。"

这就有点像，你跟孩子说，你真的别老是这么唯唯诺诺了，人要霸气！讨好型人格会被人欺负的。这个孩子如果答应了你，那是不是他仍然还是在"讨好"你呢？

有控制欲不是问题，问题是，控制错了地方。不要沉迷于控制人——让每个人都听话照做，那就不会有你想要的"主动挑战"；也不要沉迷于控制细节——每个人都变成了流水线工人，这就限制了创新的力量。

控制该控制的地方——控制平台和规则，往前设置团队认可的目标，往后设置共识过的底线原则。好的领导，是让大家完成时说："是我们自己完成这件事情的。"

是"我要完成"还是"我要让下属完成"

激发一个人的潜力,是管理者最主要的工作。

总是疲于奔命的管理者,常常会陷入类似的陷阱。

员工:领导,我们招不到人怎么办?

主管:你们写篇招聘文章发到公众号啊,你们写。

员工:但我们部门的人不太擅长写文章。

主管:请公众号主笔写啊。

员工:他们太忙了,一拖又不知道拖到什么时候。

主管:时间这么紧,算了,我来写吧。

员工:太好了!谢谢领导!

有些人，一不小心还会沉醉于这种"被人称赞"的成就感。

但是，醒醒，你怎么就开始替员工做事了呢？

为什么员工总是"没办法"？因为你一直在"给办法"。

对话应该是这样的。

员工：领导，我们招不到人怎么办？

主管：你希望招一个什么样的人？

——这叫作"明确目标"。

员工：有成熟的作品，最好还有两年管理经验的。

主管：那你觉得除了现在的方法，还有什么渠道可以再去找这类人呢？

——这叫作"探索方案"。

员工：实在不行，能在我们自己公众号上招聘吗？

主管：这个办法好。那你打算怎么写这个招聘文章呢？

——这叫作"推进行动"。

员工：要不，请公众号主笔吃个饭？

你可能会担心，这么一来一回，当场想不到好的方案，多浪费时间啊？花半天时间，也未必想出你认可的方案——这不是重点，重点是，从这一刻开始，你找到了自己最应该扮演的角色，"不再事事告知"，而是了解对方解决问题的能力，渐渐地，团队会发生良性变化。

单枪匹马　　　　所有人齐心协力

管理者思维

从"老板很厉害",变成"原来我很厉害";

从"事事等靠要",变成"我是解决问题的那个人";

从"你要单枪匹马解决所有问题",变成"所有人齐心协力来解决所有问题"。

激发一个人的潜力,是管理者最主要的工作。

在职场应该先做人再做事吗

先做事，再做人！

一女生找到我说："我好像又得罪人了，项目来不及了，一直延期，我一直催，同事觉得我太咄咄逼人，私下里吐槽，说新来的那个主管，会不会做人啊？被我听见了。"

我笑，这已经是她来公司半年内第 N 次被吐槽了："有点自我怀疑？"

"有点，我这个人啊，到底会不会做人？"

"你这个人啊，先做事，再做人。"

女生以为我要劝她"通情达理，多理解一下别人"，这一下有点惊讶。

不然呢？难道要上班客客气气交朋友，下班高高兴兴吃火锅？难道要项目拖延了，也得过且过，一团和气地死掉？

公司垮了浪费的不是大家的时间？这样混日子，对得起谁的一天又一天？

在职场里，又做好人又做好事，当然最好，但如果不能，对职场人来说，一定是先做事。一个不怕冲突死咬目标的人，别因为周围都是讲求面子和气生财的人，而怀疑自己。

交朋友，哪里都能交；工作，说得朴素一点，先办事，办好事，再说别的。

因为你要对得起你每天花出去的时间，对得起你心里想实现的那个目标，对得起你曾经想成为的那个人。

因为只有工作好了，我们的委屈和冲突才有意义。

只要你想做事，在职场，你就是对的。

如果你的团队也有这样的同事，要保护他们的"锐气"，千万别让环境把他们同化成"小白兔"，因为团队中需要这样勇往直前的"狼"，他们是冲锋陷阵取得成果的最强推动力。

沟通时为什么不要用形容词

因为你需要说具体。

很多人的沟通，只是自以为沟通了，事实是对方根本没有理解。

开会的时候，小王说："我觉得这执行活动不行，因为嘉宾上场之前的流程太长，太占用观众时间。"小李说："我觉得不长啊，还好啊！"

两人就这个问题争了起来。

我一头雾水："你们说的'长'是多少时间？"

小王说："半小时。"小李说："啊？我以为这个流程只要10分钟。"

"这次转化率很不错，比竞品做得好"

 "这次转换率提高了5%，我们比竞品同期增长了接近60%"

多用数据说话

诺贝尔文学奖得主、剧作家萧伯纳有句话："沟通最大的问题在于，人们想当然地认为已经沟通了。"

有个方法很好用，叫作"说具体"。

比如向上管理，收到老板的任务时，要回得具体。不要只回"好的"，可以加上"完成任务的具体时间""我会做的具体动作"，比如"我周三下午给你汇报""我会通过调研梳理出两个方案"。这相当于一次"复核"，既能确认你是否理解清楚，也能让老板放心。

再比如老板让你提意见时，不要说"我感觉不够好，我感觉有点长"，而要说"具体哪里不够好，具体哪里有点长，要怎么优化"，因为"感觉"不靠谱，"具体"才落地。

汇报工作时，不要只用形容词，"这次转化率很不错""我们比竞品做得好"，而要说"这次转换率提高了5%，我们比竞品同期增长了接近60%"。对形容词的想象因人而异，数字才准确。

再说向下管理。立规矩时，要具体。你一味叮嘱他"别迟到了，迟到影响不好"，啰唆又无效，你只需要告诉他迟到了会有什么具体后果。比如阿里巴巴的一个培训课，一个人迟到，同组其他四个人都要罚款，当事人压力特别大，再也不敢迟到了。

给下属安排任务时，要具体，不要只说"要做什么"，还得说"为什么要做""什么时候做完""要做到的结果"，比如，"为了提高客户满意度""12月前""要逐个回访一次"，这不仅能避免下属对任务理解、执行上的偏差，还能激发他们探索更多解决办法。

我们的生活，就是由一件又一件具体的事情组成的，我们要做的，是如实地把它表达出来。

073

为什么下属总是理解不了老板的意思

因为老板只说了一次。

做管理以来，你有没有说过类似的话：这件事我不想再说第二遍！

很多管理者习惯说这句话，也许是想引起员工的重视——我就说一遍，你们可都听好了。也许是想测试下这个员工够不够机灵，能否一下就理解老板意图。有些管理者甚至有个迷思，觉得这句话能显示管理者气势——"看我多么干净利索说一不二"。

但说实话，这根本就不算什么有效沟通，这更像是要求员工学会……读心术？

你的理解　　　　　对方的理解

理解的偏差

首先，我们必须承认，员工所具备的格局，所拥有的信息量，他们认知的基础，跟管理者是有差距的。

比如你想做个活动，在你脑袋里这个活动是这样子的（左图），但你跟员工沟通时，他脑子里想的可能是这样的（右图）。

你一定会觉得说得很清楚，是他理解能力有问题。

沟通最大的问题就在这儿：你想当然地认为已经沟通清楚了。

而且沟通最有趣的地方在于：就算是你真的说清楚了，只要对方没有理解，仍然是无效沟通。

为了确保有效沟通，你还需要再做两个动作：

1.告诉员工为什么要做这个活动，目标是什么，这比告诉他怎么做更重要。

2.信息来回确认三回，每次你讲完，最好让员工复述一遍。

"你能复述一下你是怎么理解的吗""你能再复述一遍吗"，不断修正信息，来回确认他想的跟你想的尽可能接近。

这个动作很关键，哪怕是他说"我已经理解了"，也要反复确认。因为有时候他嘴上说理解清楚了，也不代表他脑子想清楚了。

你可能又要发火了，你看这些员工，为什么要不懂装懂？

我猜，是不是因为，有人跟他说过——

"不要再让我说第二遍！"

只有一种情况算有效沟通，那就是：事情最终办成了。

孤立无援的时候，如何找人帮忙

当你觉得自己孤立无援时，一定有至少 3 个人，能让你借力。

有一天，我路过茶水间，无意间听到 HR 抱怨："我真的招不到人了，就我一个招聘专员，半个月要招 10 个实习生，我也没啥权力，根本没人帮我，职场太残酷了，人人自保。"

刚开始我没打算插嘴，听她越说越"悲惨"，忍不住停下来问她："你确定没人帮你吗？"

她见是我，脸一红，磕磕巴巴地说："大家都各忙各的，我又不是高管，叫不动啊。"

类似这种抱怨很常见，不外乎人少活多，力不从心，自己人微言轻，没什么能交换的价值。

"那可不一定，要我说，至少有 3 个人可以帮忙。"我回她。

"比如，设计师小姚，她可以帮你做一张漂亮的招聘海报。"

HR 不信："她那么忙，干吗要帮我呢？"

我问："我记得她入职前你帮她找了房子吧？"

HR 不以为然："我那是举手之劳啊。"

——不不，你的举手之劳，对刚到杭州的她就是雪中送炭啊，这可是很高的"情绪价值"。

至于招聘的海报文案，公众号主编可以帮忙。

HR 还是同一个问题："她每天冲刺当天的公众号都焦头烂额了，为什么要帮我。"

——可是，有了厉害的海报文案，你才能帮他们招到厉害的写手，她才能不再焦头烂额啊。

HR 有点开窍了："所以我们是一根绳上的蚂蚱。那文案写好，海报做好，也可以顺便在公号登个招聘广告，招聘范围变大，我简历收得也多。"

"还差一个人，谁还能帮我？"她有点高兴。

我笑着看她，不说话。

"哦，是你，老板！谢谢这一番指导！"

临走前，我开玩笑问她，职场真的这么残酷吗？

说到底，觉得残酷，是还不了解人际关系的本质，而把自己困在了自己画的圈圈里。

人际关系的本质是价值交换，这是其一。

其二，价值不仅仅是你认为的"权利地位"，人的需求是有弹性的，她入职那天你热心教她用打印机，加班到深夜，你顺手帮忙点了份夜宵，这就是价值，很高的"情绪价值"；有时你顺手帮同事做的事，也许已经困扰了他两天，这是你的"专业价值"。同理，做海报、发海报这个你认为的"雪中送炭"，在他们那里，也许就是"举手之劳"。

任何时候，当你觉得自己孤立无援时，一定有至少 3 个人，能让你借力。与其担心这样会显得自己"无能"，不如花时间思考，我到哪里可以找到借力的资源——这可不是件容易的事，但一旦有这种能力，你也许就能尝到从"孤立无援"到"遍地是援军"的感觉了。

不要因为担心显得自己"无能"，而放弃借力。

怎么才能不给人"擦屁股"

"甩锅"喽。

　　有能力的职场人，特别是新晋管理者，常常受困于"擦屁股"这个问题。

　　"我们组那个负责文案的同事，每次都是交稿时掉链子，然后跟我说搞不定，我不帮他改，老板找的还是我。"

　　"我们组新来的那个程序员，每次写代码都有 bug，我要是不帮他，全组都要受牵连，被公司责罚。"

　　你仰天长叹："怎么办，我是擦屁股还是背锅？"

　　要是问我，我建议你选"甩锅"。

　　别笑，我是认真的。

求助者可怜巴巴地说："怎么办？我们遇到了一个问题。"

你"义不容辞"地站出来："什么问题？"

等等，请注意"我们"这个词。

是"你"遇到了一个问题，不是"我们"。

在着急出手解决"是什么问题"前，先明确"是谁的问题"。每个职场人都有自己的岗位职责和能力模型，也就是说，每个人都要对自己的工作负全责，必须明确自己的工作目标，知道"我能做成什么事"。

既然是这样，比起出手去解决问题，为什么他总是不能"负责任"才是最需要找出答案的问题。

不然，你不知不觉就开始帮他擦屁股，而这个过程，你在持续帮他变得"更不负责任"。

对"吊车尾"的容忍，就是对自己和其他人的残忍。

如何对待强势的人

别把职场当战场，试着做一团棉花。

一个女生的上级特别强势，为此她备受困扰。

"你知道吗？一看来电是她，心里就咯噔一下，十次有八次，她连吼带叫。我简直有心理阴影了。就像昨晚，十点多给我打电话，抱怨了一通方案没做好。十点多，不休息吗？"

我问，那她需要什么帮助吗？

女生没反应过来："她就是来骂人发泄的，她那么能干，有什么需要帮助的。"

我追问，你再想想，她需要什么帮助？

女生一脸不可思议。

我给你讲个故事吧，我以前有个同事圆圆，有天想跟上司请假，上司正在焦头烂额地准备明天的报告，直接冷冰冰地拒绝了，还不忘挖苦几句："你知道这个方案要是有差错，我们整组绩效都受影响，我今晚估计都要通宵了，你怎么这么悠闲还能请假呢？"

　　圆圆刚连续加了好几天班，心里一万个委屈，但她没反驳，说："那好，我自己想办法再调整下时间"。

　　临走时，她转头问了一句："那个——"

　　上司一脸烦躁："又怎么了？！"

　　圆圆问："你需要我帮忙吗？"

　　圆圆后来跟我说，那个瞬间，她看着上司从一个快要炸开的气球一下子软了下来。

　　她叹口气，说自己接了个烂摊子，临时要赶一个大方案，现在要找一些图片。

　　于是，圆圆主动帮起了忙。后来，上司同意了她的请假。

　　这个世界上，就是有一类人，习惯性把威胁当成提建议，把指责当成提需求："你再不抓紧就死定了。""我提建议你根本不听，这次活动根本就不该这么做。"

　　他们来势汹汹，让对面的人迅速进入战斗状态：要么想逃，能躲多远躲多远；要么想打，就事论事，反驳回去，那就是一场无休止的辩论。

　　这时候，谁能先跳出来，谁就是对话的主导者。

对待强势的人，先对人，再对事。

1.透过他们的张牙舞爪，看到他们的情绪，是焦虑自己的建议不被采纳，还是恐惧事情做不好？

2.跳出他们的"场"之后，如果你愿意，可以伸出你的援手。

试着做一团棉花，既不会硬碰硬，也不会独自受气。

记住，坐在对面的那个人，再怎么强势、强词夺理、丧、没法沟通，你只需提醒自己，他需要帮助，你的所有思维和情绪都会发生奇迹般的变化。

现在，你是更强大的那个人了。

怎样提高找同事帮忙的成功率

借力技巧公式：先表明这件事的重要性，再明确你的局限性，最后强调对方的重要性！

一女生工作得特别不开心，我挺意外，她性格大大咧咧，开心果一个，很少看到她这么沮丧。

我问她："最主要的原因是什么呢？"

"融入不进去。"

"比如呢？"

"就比如说，我找同事帮忙，他们都不帮我。"

他们公司我了解，氛围挺开放的，没什么人搞小团体，排挤外人。

我好奇："你找人帮忙，怎么说的？让我看看。"

女生翻出聊天记录："就是说，'空吗？能帮我个忙吗'，这有什么好看的。"

我一边读一边笑："首先，没有人会觉得自己有空；其次，帮忙？帮什么忙？我哪知道要不要帮？这种不确定，让人觉得不安，不敢接话。每个人都挺忙的，多一事不如少一事，是基本的自保。更何况，你还说得这么含糊其词。"

请人帮忙，开场第一句话，要把你希望他做的"具体动作"说清楚，比如"想请你帮我看下这个方案，第二段的表述有点生硬，想听听你的建议"。甚至你可以把第二段文字截下图再发给他，让他文档都不用点开。

第二句话，要给对方一个"帮你的理由"，同事可以讲"利益"，比如"下午请你喝咖啡""下次我帮你做个图"等，而对前辈，要突出"敬畏"，你可以说"您是我认识的前辈里对这个领域最有见解的人了，特别喜欢您写的观点，所以想就这块请教下您"。要让对方相信，你是深思熟虑才选择了他，不然他当你随口一问，自然就随口一答。

有个"求助公式"，下次找人帮忙可以用。

先表明这件事的重要性，再明确你的局限性，最后强调对方的重要性！

举个例子：公司要搞一个团建活动，还请了你们部门的十几个老客户（重要性），但是我们都比较宅，不知道找什么样的场地（局限性），我听说你对活动这块特别有经验（对方的重要性），能不能帮我推荐两个场地啊？

最后，最重要的，要让对方觉得帮你是"举手之劳"。

比如，要找同事的著名博主朋友给你约稿，一般人会怎么说？

——我想请你那位朋友帮我写篇文章，能不能麻烦你打声招呼？

这样你就很难得到帮忙，因为帮你实在太麻烦了，招呼什么、写什么文章、稿费多少、什么时候要……这些细节都需要别人先问你一遍，记住，不要让别人动脑思考、动嘴说话，甚至是动手打字。

把你的求助对象当"工具人"，可以模拟对方的口吻，写一段话直接发过去，让他复制粘贴，直接转发给那个著名博主。最好，别人一个字都不用改。

找人帮忙，不要只站在自己的角度，想着"为什么你不帮我"，而是要设身处地为对方着想。

第 **3** 部分

管理老板

老板的目标定得太高怎么办

你再给它翻个倍。

一女生苦着一张小脸，抛出了一个职场万年难题：

"他给我们这个月定了 50 万的 KPI，50 万！我部门就 3 个人，预算就那么一丢丢，做 50 万啊，我怎么办？"

她盯着我，恨不得我能马上给她一套 KPI 完成策略。

策略我是没有的，一本正经地胡说八道，我倒很擅长："50 万太难的话，就定 500 万吧！"

女生一口酒喷出来。

我想了想："这么说吧，假设你有一匹马，让你从杭州赶到 180 公里外的上海，难吗？"

女生点头："有点。"

"那如果是到 1300 公里外的北京呢？"

女生连忙摆手："不可能，别说我了，马都要累死。"表情跟刚才抱怨 KPI 时一模一样。

我笑，随手拿出了车钥匙，那如果换成宝马呢？

女生似懂非懂，没说话。

这其实是我前老板教我的。以前我也是因为扛业务目标，跟老板总有冲突。

老板会定一个大目标，我觉得这就是画大饼、异想天开。目标虚高，团队没有信心，怎么能完成呢？

后来慢慢做管理，现在自己做老板，才逐渐理解。这不是实战的问题，目标一旦放大，你整个策划的结构和原来会完全不一样，它不是虚高，而是一种思考模式。你就会去寻找新的手段。当你盯着 50 万，你的生产力就局限在 50 万，最多加加班做到 70 万。但如果你心里把目标提高到 500 万，你想的一定是能做到 500 万而不是 50 万的方法，你架构和拆解这件事情的逻辑，和你选择的路径会完全不一样。

你一定会去找那个宝马。

最后，哪怕你只完成了 500 万的 10%，你算算你做到了多少？

高目标不单单是老板的策略，更是我们快速成长的"捷径"。

079

老板到底喜不喜欢我

老板喜不喜欢你，都别太在乎。

有一次，我跟一个高管发火。

起因是最近的一个数据不好，我追责到她，两个人争论了起来。冲突是日常工作中常出现的事情，并不会激发负面情绪。但真正让我发火的，是她后面的话。

她说："我也去推动其他部门了，但是受到很多阻碍，我觉得很委屈。"

她花了很长时间，努力解释她做了哪些努力，生怕我误解她，会不喜欢她。

我很直接地打断了她："你不需要努力解释你做了多少，更别在意我怎么看你，我喜不喜欢你。"

她很诧异，一向算是温和的我，怎么会忽然这么暴躁。

因为我们搞错了重点。

职场不是谈情说爱的地方。职场的评判标准很粗鲁，就是"能否成事"。

我们没有机会跑到要远离你的用户面前说："哎，别走，我很委屈的，你怎么就不喜欢我了？"

或者是对着已经碾压你的竞争对手和正在看报表的投资人喊话："你看哦，我们其实很努力的，就是结果还不够好。"

难道我们能在失败的时候对着上天喊："你太不公平了，我们这么努力，你是瞎了眼吗？"

我对她说，也是对自己说："希望你明白，职场的本质是价值交换，你不需要喜欢或者憎恨老板，只要使用他，让他为你的成功提供资源。"

我希望你被老板骂了，有时间就安抚他一下，没时间根本别管他，别因为别人的情绪随便放弃自己的目标。

你的宝贵时间，要花在看用户评论、看数据曲线上，要真的把事做成。

在做到这些之前，请你千万不要只在乎老板喜不喜欢你。

因为我们，暂时没有资格谈这些。

因为如果公司死掉，老板也不过是虚幻。

怎么搞定"龟毛"老板

比他更"龟毛"。

一女生找我吐槽:"天哪,我老板就是个暴君,我现在天天都有种伴君如伴虎的感觉。我开会忘了调静音,就这么点小破事,就要罚款扣钱;方案超过了 DDL 一点点时间,老板在会议上当着所有人问,你解释下这方案为什么晚了半小时?太'龟毛'了!"

我笑,仿佛看见了自己初入职场的经历,简直一模一样。

我问她:"你知道怎么对付这种'龟毛'的老板吗?"

女生生无可恋:"辞职?同归于尽?"

"不用那么惨烈,只要比他更'龟毛'。"

女生一脸嫌弃。

我最初入职场，遇到的就是这么一个"龟毛"的老板，当然，我现在更愿意称他为完美主义者。我亲眼看见，一个大男生，被他骂得吧嗒吧嗒掉眼泪，只是因为新闻稿点错了几个标点符号。刚开始，我好怕他，有段时间我甚至得了神经性肠炎，他一叫我，我就拉肚子。太紧张了。

但有一天，我看着他发给我的稿子，作为他的编辑，我竟然一个错别字都改不出来，忽然就理解了他。表面看上去他要掌控所有的事情，但这种掌控的背后，其实是不安，因为他不相信有人会比他想得更周全、更长远，这种不安会给别人压力，对他自己来说，则是疲惫。所以我开始试着做一个让他"放心"的人，通过一个又一个方案、一次又一次汇报，让他感觉到我对这件事是真的做了充分思考，我是从公司利益角度思考问题，可能我思考得不对，但是他能看到我在从方方面面拆解问题。比如，做活动，临时有嘉宾到不了，大家都慌了，我说没事，我有一个备选嘉宾，已经打好招呼了。然后，我发现，他变了，这个"龟毛"老板，他巴不得把所有项目都交给我。

所以，很简单，要么就持续吐槽"龟毛"老板，要么就变得比他更"龟毛"。

说实话，我现在非常感谢当年的"龟毛训练"，因为它，才有了我今天的泰山压顶也临危不惧——毕竟，你的承受能力有多强，取决于你突破过多少次上限。

老板经常晚上 11 点给我发工作微信，该怎么回

不在于回的速度，在于回的质量。

一女生特别沮丧，因为最近她失去了"刷手机"的快乐。

"我老板经常晚上 11 点给我发工作微信，太可怕了。以前晚上躺床上刷手机，是我最放松的时候，现在倒好，动不动蹦出来一条老板的微信，要是紧急工作，我也就马上处理了，但根本都不算是紧急的事，还三番五次的。我该怎么回啊？"

"你是一个蛮负责的员工啊。"我说，"你相信吗，有很多人，会假装没看见。"

"啊，那怎么睡得着？"

你看，一个特别负责但是又被"过度负责"绑架的人。

让我从老板的角度，来安抚一下你。

比起回复速度，老板更在意的是回复质量。

如果你出于"赶紧把事办了"的压力，回复的是不经过思考且并不完备的内容，这丝毫不会给你加分。

比如老板问："为什么今天发出去的视频没有带流量关键词？"

而你秒回："我不清楚，要问问直接在负责的运营同学。"回是回了，但基本什么都没说。

一个不小心，老板暴跳如雷，你还要承担更大的心理压力，保不准又要失眠了。

但如果你第二天才回，回的是："我跟运营同学碰了下，原因是……但这样处理的确欠妥，我们提出的方案是……已经布置去执行了。老板你有什么其他建议吗？"

虽然没有及时回，但你给了一个全面、周全的回复。

"但我心里惦记着老板的信息。"女生支支吾吾地说道。

"那就回他：我记下这个问题，明天一大早就跟运营部的同学对一下，然后马上给老板您一个周全的方案。"

把相关人员和相关动作都说清楚，顺便含蓄地提醒：老板，距离明天一大早，也就只剩 7 个小时睡眠时间了。

老板也是人，也要休息，当他知道有人比他更记挂这个事情时，也许他也能得到久违的一夜安眠。

怎么样让老板不抠

让他"吃饱"。

一男生找到我，看起来很困扰："你知道我老板多抠吗？我们组已经连续加班小半年了，实在扛不住，跟他说我们两个人干N个人的活，想加个实习生分担压力，成本就一两千块钱，他想了半天，这不就是又想马跑又不让马吃草吗？"

"你们这些老板都这么抠吗？"吐槽之余，还忘不了扩大打击范围。

我想了想，还是决定做一下"老板和员工"的翻译器："那你给老板吃过草吗？"

男生一脸迷糊，我知道他心里想的是："老板还要吃草？"

在我当老板前，我对老板也有这种误解：总觉得老板是骑在我们身上的那个"牧马人"，要时时刻刻给我们投食，最好还得管饱——毕竟他可是压榨我们的牧马人。

但其实不是，我访谈了很多企业家，自己也做了老板，才意识到，老板只是跑在前面的"那匹马"而已。诚然，作为先锋，他有义务冲在前面，给马群开辟新的水源和草地，但有时候，面对遥望无边的前方，他心里也挺虚的，他也需要你找新的草原——这才是能保证全部马都活下去的必备条件。

你想加一个新人，你就需要告诉他，加了这个人，支出了这些钱，能带来什么短期或长期"效益"，而不只是"加人只是为了帮你分担压力"。

翻译一下就是——

员工想的是：先有钱，才有事。

老板想的是：先有事，才有钱。

所以，到底是老板太抠，还是我们没给他"大方"的理由？

083

为什么别给老板省钱

因为有时候省钱会带来更大的浪费。

成本意识很重要，但也不能成为你判断问题的唯一标准。

比如，你要招个员工，预算是月薪 6000 元到 1 万元，你想当然认为，招个 6000 元的，听话好管，还能控制成本，老板肯定高兴，一举两得。

那可真不一定，这里面至少有 3 个坑。

第一，如果只看价格，而忽略能力，那么招来的人大概率需要你花大量时间去带，你带他的时间，也是公司的成本，所以实际上这并没有帮老板省钱。

他每做一件不专业的事，都会影响公司品牌、团队氛围，这些隐形的成本，都很贵。

甚至，这还会带来你跟老板的隐秘冲突：老板觉得你看人眼光不行。毕竟，选拔人才也是管理者的重要职责之一。

但你却觉得委屈，"我明明在帮公司省钱啊"——你有了一种牺牲感，但我们都知道，牺牲感如果消化不好，就会成为抱怨和怠工的开始。

第二，当你总想着招一个月薪 6000 元的人每月能帮公司省 4000 元时，你的思维就被局限在了"只看当下，不看未来"。你大概率会忽略，招一个月薪 1 万元的人，也许能帮公司多赚 4 万元。

第三，总想着省钱会让你产生资源稀缺的思维。在《稀缺》一书中，研究人员发现，在贫困国家，他们很难说服穷苦的农民购买各类保险，比如健康险、农作物险等。就算政府提供大量补贴，超过 90% 的农民也宁愿把钱存起来，都不会购买保险，被问到为什么时，穷困的农民总是回答说他们买不起。但因为不买保险，他们往往要承担更加经受不起的风险。

你总会想着"我没钱我没钱"，这会限制你的想象，降低你的产能。很多时候，不是你没钱，是"你觉得"你没钱。

不要总想着帮老板省钱。钱，是"创造"出来的。

怎么让老板多给点活动预算

其实老板真的不在乎投入，他在乎的是投入产出比。

在很多人的意识中，职场有一个铁律：预算永远不够。

做市场活动，老板总是想着怎么把 2 万元预算砍半花；投流量，要求表单价只有更低，没有最低。以至于职场人时不时要问这个灵魂问题："怎么让老板对我大方点？"

我做了十年高管，上有老板审预算，下有员工伸手要预算，夹缝之中锻炼了我的求生本领，也逐渐摸索出了门道：想让老板大方点的方法，是直接找老板要钱。

加人需求单		
岗位需求	预期效果	批示
客服1名	好评度增至95% 退货率降至10%	同意

商业的本质就是价值交换

我猜，听到我这句话，你想了想老板的嘴脸，一定会说，呵呵，他哪舍得投入。

听我说，老板不在乎投入。

老板在乎投入产出比。

随便打个比方，如果每次投入 100 元成本都能赚 30 元，老板会在乎你花了 100 万吗？

如果你每次买可乐，都能中个 100 元，你还会在乎这罐可乐是 18 元还是 28 元吗？

所以只要持续产出利润，就不再是"给不给预算"的问题，而变成了"想做多少规模，就给多少预算"。

而老板不给你"投入"，是因为你没给他算清楚"利润"。

想清楚这点，再走到老板面前，你还会跟他说"现在的预算，我做起来很难"吗？

不，你会跟他说："我需要增加3万元的投放预算，根据平均6%的转化率，可以增加6万元营收，净利润2万元。"

你还会说"我们太累了，要加个客服"吗？

不，你会跟他说："我只需要再招个客服，就可以把好评度提到95%，退货率降到10%。"

先算账，把账算清楚，才能把事做明白。

写下这些字的时候，觉得很普通，但奇怪的是，这样简单的道理，在生活中常常卡住我们。

大概是牵扯到钱，很多人天然会有躲闪。

所以一次次地提醒自己：

商业的本质就是价值交换，你出的价符合我心中的值，一锤定音，绝不含糊。

老板为什么不听解释

因为"解释"不是"解决"。

聚餐时，朋友开玩笑地问我，你们当老板的都这么冷血吗？

细问才知道原委。

"我方案没赶出来，他劈头盖脸地骂，怎么解释都没用。那的确事出有因啊，因为设计那边海报今天早上才给到我，客户又改各种需求，后来我方案写着写着电脑宕机了，只能重写。我能怎么办？"

我看了一眼她的黑眼圈，想象她熬夜改方案的情景。年轻时，我们都曾因为工作，在城市里看过凌晨5点的日出。

心疼归心疼，话还是要讲清楚："你说的都是事实，但听起来是不是像借口？"

一个不恰当的比方，你老公跟你说"我因为加班太忙没空挑情人节礼物，后来下了单卖家又发错尺码了"，他说的全是事实，但你心里会怎么想？

一次你能理解，一次又一次呢？

比如，下一次，"因为堵车又赶上车子抛锚，没来得及接孩子"。

不问都知道，你会觉得他在"甩锅"，因为他说那些都是为了"解释"，而不是"解决"。

但如果解释完，他紧跟着告诉你，他又买好了礼物，现在正在送来的路上；他得先去修车，但是喊了丈母娘帮忙接孩子，晚上请丈母娘一起吃饭。

你会怎么想？

朋友笑："他靠谱。"

同理，工作中难免遇到各种突发问题，但不要忘了，解决问题，也是我们最主要的工作。

靠谱的员工，提出问题时都会带上解决方案。

忍受不了老板怎么办

==老板永远是对的。==

一男生找我吐槽，说老板脾气特别暴躁，跟他没说两句话他就没耐心听，一脸烦躁，搞得大家都战战兢兢。

我问他，那你想辞职吗？

他想想："倒不想。工作是喜欢的，做的事情很有意义，团队也都一条心。就是老板实在是……"

既然这样，我打断他："老板永远是对的。"

不要嫌老板没有耐心，要想——我该怎么和一个没有耐心的老板沟通？

因为你一定会遇到一个要么"暴躁"、要么"抠门儿"、要么"想一出是一出"的老板，你爱或者不爱，他就在那里，不走不去。

如果这份工作不是你的兴趣所在，发挥不了你的优势，又或者跟你的价值观不相符，那也没什么好说的，大不了走人。但如果这是你喜欢的工作——这是很难得的事——那么，与其沉浸在"抱怨老板"中，耽误彼此的时间，不如你往前走一步，去"管理老板"，积极地发起沟通。

如何跟"没耐心"的老板沟通呢？

要先说"结论"，前5秒就要直击重点，引起他的注意。有兴趣的话可以参考金字塔表达原理，先说结论，再说推导结论的过程。

如何跟"抠门儿"的老板沟通？

很简单，先谈"钱"，把投入产出比摆在他面前，再谈"怎么办"。

怎么跟"想一出是一出"的老板沟通？

这样的老板，要么是竞争心很强，看到对手做什么，也想做；要么就是创新力很强，天马行空点子多。所以先问"原因"，搞清楚他要做这件事的终极目的究竟是什么，因为有可能他这么多想法的背后，其实有且只有一个目的。

当别人还在抱怨老板时，你已经为了"能做成事"，去管理老板了，这就已经领先了很多人。

如何对老板说"不"

<mark>说"不"之前，先接受。</mark>

一女生来找我，犹犹豫豫："崔璨，我要怎么拒绝我老板啊?

"他呢，想一出是一出，刚看到人家大厂做了个活动，他就想搞一个；看到同行搞了个创新，他就要改方案。我们上一个思路还没执行完，又改，又变，完全不靠谱啊，但你说我拒绝他吧……"

我说出她的心声："你担心他会觉得你不行。"

"对，而且还怕他发火，觉得我故意跟他对着干。

"但我不拒绝呢，硬着头皮做，最后我花掉预算没搞成，他更觉得我不行。这怎么办啊，到底是拒绝还是不拒绝？"

职场一大难题，老板的任务，你觉得不靠谱，拒不拒绝？

当然要拒绝，你都觉得不靠谱了，还去做，心里不认同，行动上肯定做不好。意识决定行为啊！

但是怎么拒绝，是个学问。

我跟女生说："先接受，再拒绝。"

女生一脸茫然。

"先接受他合理的需求，再拒绝他不靠谱的想法。"我解释了一下。

"比如，他想搞活动、改方案，这些看似'不靠谱'想法的背后的需求是什么？是闲着没事刁难你吗？老板就是开一个公司，每天上班刁难员工玩吗？"

女生笑，那倒不至于，他就是为了增收。

我也笑："对喽，所以你得让他知道'增收的需求我收到了，但我有一个更高效的方法'。其实用什么方法他未必真的关心，只要能满足他的需求。

"打个比方，老板让你去买个电钻，你心想，神经啊，这方圆几公里去哪里买电钻。如果这样就断然拒绝，这就是思维没到位。

"要想，他要电钻，这个行为背后的需求是什么？他的需求可能不是电钻，他要的是电钻打的那个孔，那就好办了，你可以告诉他'买电钻不方便，我找物业帮忙打个孔吧'，高手会再往前推一步，打孔是为了什么？哦，是希望在墙上挂一些团建照片，体现企业价值观。那你可以跟他说，有一种直接粘贴的相框，不用打孔，不伤墙壁。他还会觉得你不行吗？"

记住，你不需要接受或拒绝老板的想法，这不是重点，你只需要满足他的需求——这会让你们站到一起。

老板问"事情做得怎么样了",怎么回

被老板问到这句话,就说明你已经失职了。

　　有一男生负责活动执行,常常要统筹操盘大活动。他的苦恼是:"老板老是问我,事情做得怎么样了。这可怎么回?那么大一个活动,方方面面我都要跟他讲清楚,那得花半小时。"

　　"不要让老板问出这句话。"我认真地跟他说。

　　当老板问你,事情做得怎么样了,就意味着,他已经处于"不知情"的状态中,这就是你的失职了。

　　汇报工作,是一门值得拿出来说两句的小学问。

　　有人喜欢全部做完,再给老板来个统一汇报。但是没必要,又不是求婚仪式，非要拉着大家瞒住主角。

有人不喜欢事事汇报，觉得这是我的事，想要通过"全盘掌控"体现自己的价值感——但最好的价值感，难道不是在过程中时刻被老板查漏补缺，最终拿到好结果吗？

工作讲求的就是保质保量，公开透明是最好的方法。老板在过程中可以从他的视角看到一些我们看不到的问题，这可比工作全部做完，再推翻重做高效多了。

汇报的具体方法有两个。

时间上，跟老板建立定期汇报制度，比如两天一次，或者一周一次。

有人会暗暗推测，我两天跟老板汇报一次，他嫌烦怎么办？你看他这么忙，我可别去找麻烦了。

未经验证的推测，都只是揣测。

公开透明地去确认边界："老板，你希望我几天跟你汇报一次进度，既能节约你的时间，又能及时获得你的建议？"

又或者是每次接新任务，都形成一个完整的作战地图，每一次推进都有文字记录，哪怕老板没时间听你当面汇报，想了解情况时，随时可以打开这份作战地图。

形式上，选择老板和你都比较习惯的风格。

别小看这一点，我以前就踩过坑。刚入职没多久，被某一任老板直面质问："事情做得怎么样了？！"她口气已经很暴躁了，我当时年轻气盛，也不懂得什么职场规则，反手就怼回去：

"给你发邮件了啊！"

后来我才意识到，她接收信息的方式是听，而我的方式是书写和阅读。那些每两天到她办公室去当面汇报工作的同事，不仅提升了跟老板之间的沟通效率，还顺便喝了茶，建立了跟老板的信任关系——而我不仅没有沟通效率，更别提什么得到支持了。

认识到问题，就改。毕竟，管理大师德鲁克先生早就告诉我们——你不必喜欢、崇拜或憎恨你的老板，你必须管理他，让他为你的成效、成果和成功提供资源。这种积极的做法，就叫作"向上管理"。

于是在写和听之间，我选择了第三种方式：写好工作汇报，然后去念给她听。一来一回，沟通效率得到了极大的提高。这个曾经三不五时训我一顿的领导，给了我各种资源，支持我打赢了一仗又一仗。

老板也是人，他也需要安全感，他也有自己擅长和不擅长的合作方式。我们当然可以花时间吐槽他，也可以选择因人而异地去"管理"他。

方法有很多，心法只有一个：不要给老板惊喜，或者惊吓。

你跟老板说过"我不喜欢现在的工作"吗

建议你试试。

有一天，我们的编导找到我说："崔璀，最近这段时间的工作我不擅长，也不喜欢，我觉得你没有用好我。"

如果是你，乍一听到这句话，会是什么反应？

可能很多管理者都会觉得，谈论喜不喜欢、擅不擅长自己的工作，是一件矫情的事，甚至还有点幼稚。

所以职场会出现一些很奇怪的现象：比如，你上班的时候如果对着屏幕在笑，别人第一反应就是你在闲聊或者刷剧，不会觉得是因为你刚想到一个很好的方案。比如，你生病了请个假，心里会很忐忑，怕领导觉得你不认真工作。比如，你想到了一个程序的解决方案，手舞足蹈。会有人提醒你，淡定淡定，不要骄傲。

我们默认工作就是"紧锁眉头，埋头苦干"，我们认定成年人就是"要能吃苦，要能抗，不能停"。

我们好像有一个约定俗成的观念：你的感受不重要，有没有结果才重要！

但那天我跟编导说：对，你得做你感到最愉悦的东西，让你感觉自己最强大的东西。这个才是真正地为结果负责。

得到了这份认同，编导显然放松了不少，他跟我拆分了当时的情况：

"这段时间我做的视频，数据非常惨淡，但我知道，我在心流状态下写的选题里，10个至少有7个是爆款，播放过几百万、上千万。所以我打算这样来改变选题流程……"

我始终坚信，让一个人痛苦的事情，必然不会产出好结果。结果不是目的，人才是最终的目的，事情背后，永远都是人的力量。结果不会大于感受，是感受，成就了结果。

我记得演员孙俪在圈里以"自律"出名，她说："我知道我是一个容易焦虑的人。我为了让自己不焦虑，要做很多准备工作，就是为了让自己心态平静。我不喜欢事情赶着我做，我愿意走在事情前头，我能多做一点，先做一点，就不会让自己太焦虑。"

连续 14 年，孙俪跟每一位合作过的导演都说过同样的话："一定要给我完整剧本，我才不会把它演乱了。千万别只给我一半，或者后期要大改，如果临时有大调整，我就全都断了。"

　　一个知道自己是谁，知道用什么方式会有最好状态的，能创造出最好结果的人，是专业的成年人。

　　希望你可以很坦然、很有底气地对老板说"我不喜欢我现在的工作，我想用……的方式来工作"。

　　别忘记最重要的一句话："这样，会保证有更好的结果。"

怎么快速"上位"

补领导的短板。

你抱怨过老板吗？别怕，承认也没关系，老板这种生物，在职场中的一个重要功能，就是被抱怨。有数据显示：上班族平均每月花 15 个小时批评老板。如果按照一个月 30 天来算，那就意味着上班族每天会花半小时来骂老板。当然，这是十几年前的数据，但愿现在这个数据有极大的改观。

找我求助的问题里，平均每三个问题就有一个跟自己的直接上司有关，虽然有千万种描述，但潜台词基本都是：怎么这种人都能当领导（老板）？

记得一个女孩跟我吐槽："我那个主管业务还行，但根本就不懂管理，早会一下9点一下10点，开个会漫无目的，想一出是一出，你说跟他干还有什么前途？"

我告诉她："别跟他干，要带他干。"

女孩翻白眼："你又一本正经地胡说八道了，怎么带？他是上级啊。"

你看这句话，"他是上级啊"，言外之意是，上级就应该这也好，那也棒。他得符合我们心中那个完美领导的模板。

这个愿望很美好，但是不现实。

每个人都有自己的优势和劣势，只看领导的劣势就觉得他不行，你就没了信心，干不动，那领导就成了你的天花板。他会阻挡你的成长。

不如，放弃幻想。不要期待领导"处处都完美"，把他的劣势当成自己的机会，用自己的优势去补位，那他就是你的起跑线。

关于管理老板，著名管理大师彼得·德鲁克先生说过一句经典的话：

"你不必喜欢或崇拜你的老板，你也不必憎恨他，但你得管理他，好让他为组织的成果，以及你个人的成果，提供资源。"

091

和老板一起出差，途中聊什么好

聊老板自己，聊公司发展，聊老板对自己的期望。

曾经，我的一个下属跟老板一起出差，回来之后，老板直接叫我进办公室谈话。

他特别不满意："这家伙最近业绩一直不太好，本来想着路上跟她复盘下工作，结果她一上车就闭目养神。这种态度，怎么能做好工作？"

事后我去问那个下属，她惊恐万分："我不知道该跟老板说什么，就假装闭眼。但哪里睡得着啊，我紧张死了。"

不夸张地说，这位同事错失了一个重要的沟通机会。

人们对老板都有种天然的畏惧，也因此，"跟老板一起出差，说点什么好"，就变成了一个令人困扰的问题。

简单来说，有两类可聊的话题：聊事和聊人。

聊事，比如公司和业务。

聊聊你们这次出差的任务，去时聊你的思路，回来时聊你的复盘和计划。

如果再有时间，聊聊自己对公司业务价值的理解，聊聊自己最近印象最深的一个用户故事——那些对用户产生价值的瞬间，就是你和老板工作的最大意义。

聊人，包括聊老板和聊自己。

如果事情都忙完了，大家松了一口气，不妨闲聊几句，最好的闲聊内容，是聊"人"。

那就先去聊老板。

有人会觉得讨论老板，会不会不礼貌？

当然不会。所有人的沟通，首先关注点都在自己，这是人的本性。

如果你把老板也当成一个"人"，那也许就会自然而然地产生一些好奇。问老板创业至今最难忘的事情，问他心里最崇拜的人，问他这么多年最感激的事，问他觉得自己最大的改变，等等。

这里有一个重要提醒，不要问一些已经有公开资料的问题，比如问老板为什么会做这家公司。如果这些答案早在各种报道里都有，就会显得你对老板毫不关注。

借着让老板讲自己的事，你也能更加了解他的思维方式和人格特征。

根据当时的氛围，也可以适当聊聊你自己——为什么会选择这份工作，工作中有什么印象深刻的故事，聊自己的向往和努力的方向。别怕自己幼稚，只要心中有梦，眼里有光，就是一个上进的好青年。

但不管聊的是人还是事，比聊什么更重要的，是你打心底里，有没有把老板当成一个人，而不是"压制你、挑剔你"的"工具人"。

如果能把他当成一个人，你的同类，你的战友，那么不管聊什么，都会是发自真心的。

唯有真心，不会出错。

怎么和老板谈加薪

很多人只关注"加薪"，但我们更应该关注"谈"。

有个男生跟我抱怨，一直没有加薪，觉得委屈："我明明很卖力，连续 1 个月加班到 10 点，打车能报销我都拼车，2000 元能做的预算绝对不花 2100 元……我那么替老板着想，但他好像从来没考虑到我。"

我问他，你这些想法，跟老板谈过吗？

男生摇头。

"不敢吗？"我问。

男生撇撇嘴："呵，他肯定觉得我又要增加成本了。"

我笑："所以你就是个平价商品吗？"

男生一脸不解，看着我。

我跟他解释："你这种担心，就像是说自己一旦提价就会'没人买'，然后就不停地降低自己的成本，增加服务项目，因为平价商品当然是成本越低越好，性价比越高越好。"

很多人总不敢提加薪，是因为觉得这是"零和博弈"，是"忽悠"老板把他口袋的钱挪到你口袋。但其实不是，提加薪是说服老板"投资你"，去创造更多的价值。

具体怎么谈？

首先，带着你认为可以加薪的"证据"，比如已经超额完成业绩，比如未来半年想要多做几个项目，等等。证据要具体，要有实际产出，不能打苦情牌，说什么"我工作好辛苦"。

其次，时刻记住，你不是去要钱的，你是去匹配自己和公司的需求：要做到什么程度，要满足哪些业绩条件，要满足公司什么需求，才能满足你的加薪？

你看，这个过程，可不是增加成本，这是增收。

谈薪资 = 合作，合作 = 双方一起努力，满足各自和对方的心愿。

如果提了加薪，被拒绝，是不是就证明老板不觉得我有价值，那不是很难堪？

不，那只是说明彼此之间的需求没对上。你接着谈："那老板，你看，我的期待是能涨薪 30%，你觉得我做到什么程度，可以达成涨薪？"

一句话，把老板从对立面拉成了自己涨薪小分队的一员。人的思维，一经新理念扩展，就不可能回到原点。

记住这个理念：老板不是你的"买家"，老板从来都是你的"合作伙伴"。

093

接到领导任务时，最恰当的反应是什么

赶紧去做？不，是明确时间和要求。

试想一下。

老板："小张，刚才开会我们讨论出来的内容，你做个方案给我。"

你："好的。"（还加了个句号）

是不是感觉你比老板还有威严？

其实最恰当的反应是：

1. 确定完成时间，主动告诉他"我会什么时候完成"。

2. 明确工作要求，"这个方案我会做到什么程度"。

比如，"好的，我会根据会上的讨论，把方案做出来。结

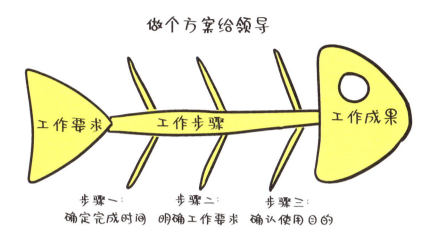

做个方案给领导

工作要求　　工作步骤　　工作成果

步骤一：　　步骤二：　　步骤三：
确定完成时间　明确工作要求　确认使用目的

靠谱工作法

论主要是这三点，这个方案的使用目的是让参会人员再次确认，并提交给客户。我在明天下午 3 点前给您初稿，您看可以吗？"

这样的反应有两个好处。

1. 高效。

核对一遍你的理解和老板的理解是否一致，避免理解出现偏差导致的动作偏差——职场最大的浪费，不是你努力了半天没有成功，而是你按照自己的理解做完了 A，发现老板要的其实是 B。

由于踩过太多南辕北辙的坑，现在我说完一件事，会让同事复述一遍，确认是否达成共识——你猜怎么着，80% 以上的概率，他复述出来的内容，跟我刚才表达的不一样。

每一次，我都倒吸一口气，"幸好确认了"。我们这些自以为是的"一致"啊。

重要的事情，值得来回复述确认两三次。

不要想当然，不要想当然，不要想当然，重要的话说三遍。

比起抬手就去干，反复确认信息，绝对更高效。

2. 有效。

这个动作，还能体现出你对工作的"思考"。

我们都喜欢跟有能力、靠谱的同事合作，老板更是。"反复确认"这个动作，会让你的"靠谱"被"看见"，它能有效传递出很多积极信息，比如你在思考，而不仅仅是"会行动的四肢"；比如你是一个负责任的人，你希望把这件事做好，而不只是"别人说什么就是什么"。

简单一个动作，却会有效提高你在老板和同事心中的分数。

094

我老实听话，为什么得不到领导赏识

因为你太听话了。

说实话，管理者有时候挺怕"听话"的员工。

领导说一，他绝对不说二，只会"好好好，行行行"，哪怕有不同的意见，也不会提出。领导随口一个任务，他立即执行，不管手头有没有更重要的事，不管同事有没有更紧急的需求——无意中把领导给推到了"昏君"的位置上。开会时，主管随口提一个点子，他就只做这一个点子，绝不多做思考。

他们的口头禅就两个：这是领导的意思，你有什么意见跟领导说。

我遇到过这样听话的同事，他们反而特别让人不放心。

每次安排一个工作，我都要反复提醒："这只是我的建议，你更了解一线情况，要酌情判断。"

而我也不止一次接到别的同事投诉。一旦有人指出他做事情不合理时，他会认真搬出我的话："这是老板的意思。"——最让人哭笑不得的是，她不是狐假虎威，只是绝对的"听话"。

但我更想说的是，领导的意思，不是"圣旨"，只是"经验"。

经验能帮我们避坑，帮我们提速，有时候经验也会成为某种束缚。

不要让别人的经验成为我们做决策的唯一依据，成为我们放弃思考的最佳借口，这个经验应该成为我们的台阶，而不是天花板。我们要借助这些经验，去做领导看不懂、做不到的事，去帮他查漏补缺，这才是价值的体现。

所以，听不听话不重要，遇上明理的领导，就算你"不听话"，但只要你能证明你可以做好，他情愿当一个"乖乖听话"的领导——对于管理者来说，事情能做成，才是最重要的。

有时，做个"不听话"的员工，反而能让领导"听话"。

095

老板这是栽培还是压制

关键看价值。

有人问我："我明明是销售，老板时不时让我设计海报，说这是'栽培'，说是全方面锻炼我，可我担心这其实是'压榨'。"

人和人由于经历、思维方式的不同，对一件事也会产生千差万别的看法，你眼中的困难重重，在老板眼里可能轻轻松松；你眼中的压榨，在老板眼里可能真的是栽培。

越是想法不同，就越是要有自己的判断标准——这件事对你而言是否有价值。

第一，你喜不喜欢做这些事？也就是它对你有没有情绪价值。

喜欢一件事，就会做得愉快。每天醒来兴致勃勃，这是很难得的体验。有这种情绪，事情做得都不会差，哪怕遇到困难，也能自己克服，坚持下去。

第二，这些事对你将来有没有帮助？也就是长期价值。

很多工作，现在对你而言可能很难，是因为你的能力还不够。但长期积累，最终会成为你的重要竞争力。

比如每天让你写5000字文章，为了完成工作，你时刻都要吸收素材，连看个电影，都在琢磨是否能变成我的选题，每天固定时间写作，哪怕抓耳挠腮也必须定时交稿。不出一年，你的写作能力必然提高。

第三，他给你加工资吗？也就是短期价值。

能用钱解决的问题，都不是问题。

三种价值，至少有其一，才算"栽培"。有了自己稳定的价值判断体系，就不会让任何人的评价影响你衡量自我价值。

永远不要高估自己，更不要看轻自己，尤其在我们寂寂无名时。

096

怎么区分领导对你是 PUA 还是严格管理

关键在于，你是否感受到了支持。

最近几年，"PUA"这个词很流行，很多人仿佛为自己在职场受的委屈找到了一个出口，天天把"老板 PUA 我"挂在嘴上。

但 PUA 和严格管理，其实是有明确界限的。

比如："这么简单的事都做不好，我招你有什么用呢？"——这是 PUA，只对人而不对事，一味碾压。

"这么简单的事没做好，你觉得问题出在哪？"——这是严格管理，关注如何解决问题。让你认识到问题的同时，对原因进行分析思考。

再比如："为什么就你工作有情绪，人家就不会？"——这是

PUA，否认你的感受，拿你跟别人做无意义的对比。它会让你觉得自己很差，从而使情绪更低落。

"管理好情绪也是工作的一部分，要不等你情绪好点咱们再聊。"——这是严格管理，会对你提要求，也会认可你情绪的合理性。

又比如："就你难？我管你难不难！别矫情，每个人都很难好不好。"——这是PUA，提出过分的要求，不给支持。

"不管多难，要想办法解决，你需要什么支持，随时找我。"——这是严格管理，他会给你要求，也会满足你的要求。

职场PUA和严格管理的共同点是——会让你觉得不舒服。

而一大不同在于，PUA会让你觉得，你不舒服，是你的错，是你不行。而严格管理会让你觉得，突破自己虽然不容易，但办法总比困难多——前者在毁灭，后者在建设。

097

为什么老板总看不到我的需求

也许是因为，你压根儿就没说。

很多人对自己的上级存在某种幻想，认为上级应该有透视眼，应该是我们肚里的蛔虫。

但其实很多事，你不说，你的老板真的不知道。

我们总以为自己的需求就放在这儿，有西瓜那么大，但在老板脑袋里，公司里大概有几百个需求，而且每个都只有葡萄那么小。

如果你一直等待着被老板看见、被理解、被满足，结果一定是——你没被看见，没被理解，没被满足。

这是幻想一。

表达需求和表达情绪

所以你有什么需求，一定要说出来。

也许有人会说"我说了，老板听不进去啊"——这是幻想二。你确定你真的说清楚了吗？

你在说的，是不是"这事我从来没做过，我怕我不行""事太多，我忙不过来""我太累了"？

如果是，那就等于没说。

因为这不是在"表达需求"，而是在"表达情绪"。

悄悄告诉你，很多人在听完所谓"情绪表达"后，心里唯一的念头是，这个人，好多抱怨，好负能量啊——你看，得不偿失。

虽然我们也会培训管理者要有"透过情绪看需求"的能力，

但双向奔赴，一定比原地等待要好——你也要做些什么，比如：

你可以把这些"我没办法"的话都改成"我需要"的句式。

"我做不了，太累了。"——"我需要1次培训和指导，给我更多的经验和思路。"

"我没时间。太忙了。"——"我需要增加2个人做执行，让我有足够的时间去思考更好的策略。"

你知道在职场哪种人特别有前途吗？就是这种特别会跟老板提要求的人。

因为"我需要"看似在"提要求"，但本质上，是在跟老板"提解决方案"。

098

领导是杠精，怎么办

从应对模式变成创造模式。

有女生跟我吐槽："我们新来的领导是个'杠精'！我召集大家一起加班赶项目，好几个同事熬到半夜，这不是应该表扬的吗？他马上来一句'你是不是效率太低了？'我们好不容易赶完工，我想搞个团建，让大家放松一下，整个部门在外面玩呢，杠精领导发信息'你们工作日团建，不考虑下其他部门的感受？'我们小组提了一个新的策划案，同事讲完，我说，这方案我觉得可行。领导又发话'难道只有我一个人觉得这个方案全是风险点？'天哪，我觉得每天下班脑子都嗡嗡的，做什么都不对。"

不管我们接不接受，这个世界上，就是有这一类人。他们的大脑里似乎只有一种神经，叫作"反驳神经"，随时预测危险，不断报警。

同样一个问题，我们看到的是光明，他看到的，是布满荆棘的陷阱。同样一个人，我们通过陪他吃饭，送他礼物表达友好，而他对一个人好的方式是提醒你："前面有8个坑，我给你一一指出来。"

梳理逻辑，防范风险，是他们的本能，是赖以生存的方式，我们能做的，只有一点：从应对模式调整成创造模式，使用好他的这个特质。

应对模式，是你去适应他，跟着他的节奏走，他挑刺，你反弹。而创造模式，是从自己设计的愿景出发，调整跟他人的关系。

创造模式有两个关键点：

1.凡事先做预警。做任何一件事之前，先跟他讲清楚你的思考逻辑：为什么要做这事，打算怎么做这事，可能会遇到什么风险，以及你对风险的预警。哪怕你思考得不全面，但你在做这个动作，就会让他感觉到安全。

2.把他变成你的军师。所有的方案，都请他先预警一遍，借助他周全的大脑，查漏补缺，这时候，他就变成了你的"助力"。他的"杠精特质"变成了帮你提示风险、分析逻辑的最好帮手。

你如何看待世界，将决定你看到一个怎样的世界。

又被老板骂了怎么办

谁困扰，谁负责。

我一个高管朋友来找我，特别颓："你知道年底盘点，老板跟我说什么吗？他说我最需要改进的是，不要太在意他对我的看法。"

朋友认真问我，这算什么建议？

我跟这个高管认识多年，恰好她的老板我也认识。有一次跟她老板吃饭，对方跟我说："有时间，你也帮我劝劝她。业务能力真的没话说，但性子也太要强，我哪句话说重了，她就很往心里去，半夜发短信过来，跟我争，在办公室哭。我后来都不太敢跟她沟通了。"

用她老板的话形容，就是"你说我一句，我有十句等着你"。

我想了想，打算从侧面帮她理解老板的意思。

我问她，你知道很多老板其实心里特喜欢一种员工，但是嘴上不好意思承认吗？

她摇头："哪种？"

我说："就是那种'老板敢骂'的员工。"

我公司原来有两个员工，做方案疏漏了，我跟他们说了同样的话，语气呢，也是有点急，"这个错误不应该啊，你太粗心了"，员工A听到后，马上怼回来，那可不是哦，这个错误不是我的责任。事后，她翻来覆去在想这个事，觉得"完了，自己连这么简单的事都做不好了""完了，老板对我不满了"，我能明显感觉到她后面那几天眼神的闪躲，上班都心事重重，开会时也不太敢发言。我的那句话就像一根针，扎到她心里，搞得我也开始小心翼翼。

是她玻璃心、太矫情吗？你可能会说，性格不同而已。性格不同肯定有原因，但更重要的是，思维不同。她需要的是切换一个"思维"。

另一个员工B，在听到批评后，就像被蚊子叮了一下，他会痒，但挠两下很快又能聚焦到工作。

我很好奇，就去问员工B："为什么你回血那么快？"

他说："我觉得，我是有一个失误，但不等于我没有能力啊。而且老板你不满，是因为你忍受不了不完美的方案，你不是向来都有点完美主义倾向吗？那我再完善就行了。"

然后，他轻装上阵就把方案给改了，这个过程中，同事 A 还在内耗。

B 的轻装上阵，来源于他的思维。

不必因为老板的不满，就否定自己。老板不满的情绪，是老板自己要解决的事，这不是你需要纠结的问题，因为你无法掌控。而你能掌控的、你要做的，是从老板的不满情绪中脱身，把精力聚焦到你的方案上。之所以说这个思维很厉害，因为它可不是什么心理安慰，这在心理学上叫作"课题分离"——处理好自己不满的情绪，这是老板的课题；做好方案，是你的课题，得把这两个课题分离了，你的工作才不会受制于老板。

没有这种思维，你的精力就放在了"老板情绪"上，你想着反驳他，或者是讨好他，这都会占据你不必要的精力。因为你根本就画错了重点。

事实上，"课题分离"也是我职业路上每天都在用的方法，在不敢拒绝别人而委屈加班的时候，在下属不专业忍不住想插手的时候，在因为同事的愤怒而不敢起冲突的时候，它一次次帮我理清了思路。

但对我而言，最大的帮助，是让我一次次停止"情绪内耗"，不纠缠，把精力放在该放的地方。

一次又一次，我才得以轻装上阵。

为什么领导总不回我信息

因为不知道怎么回。

有一次讲职场沟通课，我问大家，有没有遇到过领导或者客户不回你信息或者对你不耐烦的情况？

没想到一片狂点头："真不知道该怎么办，是接着催呢，还是就此闭嘴？""闭嘴也不行啊，到最后事没做成，你总不能说，那是因为老板你没回复我啊，背锅的还是你。"

会场一下子热闹起来。

没想到这个问题如此困扰职场人，我趁机跟大家讲了几句真心话：

我自认为还算一个耐心不错的老板了，但说实话，真的有很多信息我不知道怎么回，或者不想回。

我把这些信息简单分为三类。

第一类叫"不知道你想干吗"的信息。

比如"老板，你空吗"，不知道你们，反正我是没见过"有空的"老板。

之前我有个同事，很委屈，觉得我不喜欢他。原因是，我没有回复他的信息，但是却回复了别人的。

他的信息是什么样的呢？"老板，麻烦帮我看下方案""你帮我看下这个文案，这个海报"——这类信息我大概率会压后，因为不知道看什么？比如，你让我看的目的是什么？你调动我这个资源的目的是什么。你做这个方案或者海报的使用场景是什么？我后天看行不行，大后天呢？没标明截止日期的信息，我都默认不紧急，那就回头再说。

所以，你希望老板为你做什么、用什么方式配合你，请你非常简洁明了地告诉他。

第二类叫"请老板做主"的信息。

比如"老板你看看要不要参加这个活动"，然后转给老板一堆聊天记录、2G 的 PPT，看上去还挺像那么回事，"我给了很多信息啊"，事实上，没有一个是能直接用来作为决策的依据，比如你的经验判断、过往的具体数据、合作的基本策略、小范围实验的动作等等。

我刚工作的时候，也干过这种事，被当时的主管问了一句话，你是来当传声筒的吗？

我当下就被噎住了，是啊，如果我没有基本的判断，只是左手传到右手，那我的价值体现在哪里呢？只是提供信息，等着老板决策的"工具人"吗？

第三类叫"我也不知道咋办，所以只能找老板"的信息。

我常常收到类似的充满情绪的信息，比如"老板我实在没时间去做这个活动""这个太难了"。每次看到这类信息，我都期待会有第二条："所以，我想了另一个方法去做"。

不然，我该怎么回呢？

对方说"这个方案太难了"，难道我要回"那你加油哦"？

虽然我挺想这么回的。

或者回"没事，下次做也行"？这个话，妈妈可以安慰孩子，老公可以安慰老婆，但它不适合职场。

你能想象吗，老板或者你的主管，可能在一天里同时收到这"三类信息"，这还不止，可能每新来一个同事，老板都会重新收到这"三类信息"。

每一条这样的信息，都在消耗着老板的耐心。然后老板就像个定时炸弹一样，指不定你哪条信息发过去，他就炸了。

所以，你知道老板为什么不回你信息了吗？以前你也许会觉得，老板没耐心，不负责任。看到这里，也许你会意识到，耐心本身就是有限的，老板只能把更多的耐心放在产品上、放在用户的需求上，这才是真正对员工负责。

很多人看到的是暴躁的老板，权力的中心，但我看到很多老板因为战略和生存问题，夜不能寐。

有时候，也会忍不住替老板说一句："放过老板，他们好惨。"

对老板的哪些误解，正在影响着我们的职场发展

把老板当老师，当老公（老婆），当老大。

我自己是从实习生一步步做到老板的，客观地说，大家对老板存在一些误解，也是因为这些误解，会引发一些情绪，降低沟通效率，影响着我们自己的职场发展。

你对老板的第一个误解是——把老板当"老师"。

如果面试者跟我说，我是来跟您学习的。我就会开玩笑地问，那你交学费吗？

这里面就藏着大家对职场和老板的一个误解：以为职场是学校，我跟着老师学习，然后老师给我出一套考卷，他知道正确答案，会给我批分。

这样的思维下，很多人会把工作当成作业，只管交付，不管结果。然而工作中没有任何超出老板预期的亮点，怎么会有晋升的可能呢？

那满足老板就够了吗？不，千万别想着要满足老板。因为给你发工资、发奖金的，根本就不是老板，是市场。以前我也以为，我是面向老板去创造价值的，所以我的"价格"也自然是他一个人限定的，所以他的话不能违背。

但其实不是，我们跟老板在面对市场时，是在同一个水平线上的，我们每天的工作，都是向用户交付价值，我们的价格，是市场决定的。老板，不过是我们和市场的"中间商"而已。

我们对老板的第二个误解是——把老板当"老公（老婆）"。

很多人对老板有意见，原因在于"我都说了我最近压力很大，我都说了我这边忙不过来，你就应该知道我是什么意思，理解我的难处啊"。

又或者是，因为老板的某些举动，比如见客户没叫上你，你就暗自揣测：他是不是不喜欢我，他肯定对我有意见。

然后呢，就在那儿生闷气和委屈。

但说真的，在职场，别太把自己当回事。别把大量的时间花在情绪内耗上。职场的第一原则是——效率。

与其闷着揣测，不如直接去提需求：老板我想要这个客户资源，想多练练谈判，您下次见客户能不能带上我？

或者直接去提问：老板我还是没想清楚这个项目为什么要做，想再跟您确认下……

又或者是直接去要资源：现在项目太多，我想申请再加一个人手。

对了，更高效的方式是，给老板一个不能拒绝你的理由：这是我做的投入产出比方案，如果能再加一个人手，我预估能再增加 10% 的利润。

你不需要喜欢或者憎恨你的老板，但你一定要管理他，让他为你和团队提供资源。

我们对老板的第三个误解是——把老板当"老大"。

常听到一些人抱怨老板，太暴躁，动不动就发脾气；太武断，别人说的话听不进去；太贪婪，什么都想要。

然后，这样想可能就是消极抵抗，一边吐槽，一边忍气吞声应付着干活儿，老板损失的顶多是一部分薪水，但你浪费的，是整个职业的黄金期……

何苦呢？

所以面对老板的强势，不要太往心里去。

因为你并不知道，很多时候，强势只是老板保护自己的"壳"，而不是攻击你的"剑"。我从实习生做到职业经理人，跟前老板搭档了 10 年，后来做投资 3 年，见过无数创业者"柔软"的另一面，现在自己创业，做老板 5 年了。

跟你说句心里话，在你看不见的地方，老板也在公司利益和员工感受之间犹豫不决，也会在夜深人静时为了白天的人际冲突而懊恼不已，但又不知道怎么下台。更多时候，他眼里盯着竞争对手，手里算着公司所剩不多的现金，心急如焚，而你看到的，就是他暴躁如雷。

所以啊，面对老板的暴躁，与其抱怨和战战兢兢，不如去想、去问，他为什么暴躁？他想要的到底是什么？我到底是没办法满足他，还是不想满足他？

当你能开始思考这些的时候，你就不再是一个"小弟"了。

写这些，不是为了让你谅解老板，而是为了让你放过你自己。

因为这个世界上没有完美的老板。你只有接受了这一点，才能在一家公司里沉下心，把精力花在最该花的地方，比如打磨你的技能、深耕你的行业。

而这些，是身处职场中，我们最需要投入精力的地方。

断断续续写这篇后记时，是虎年春节后的开工第一周。

新一年，我总是会收到一些"季节性提问"。

比如，要不要打破舒适圈，闯一闯。不只是年轻人，也有工作了 10 年，不想再继续忍耐下去的中年人。

闯一闯包括换行换岗、换行不换岗、换岗不换行或者都不换——就在原来公司，但是想要寻求突破。

不管是哪一种，我都简单粗暴地回复，去吧。

原因很简单，你这样问，就说明一颗种子已经种在你心里了。

既然有了一颗种子，总是要让它生根，发芽，开花结果，才不枉费种子的一生啊。我想，人生梦一场，结局那一天，不要为了"没做什么"而遗憾。

你也许会问我，这样会不会太不理性。

我记得以前看过神经学家的一个研究，说理性和感性不是二分法，情绪是人做决策的前提。老话说，心安理得，听从内心，才会"心安"，再理性分析，制定策略，看看具体怎么闯，这是"理得"。

还有人会问，有机会争取升职，但觉得自己没有准备好。

我的答案也很粗暴："先争取下来。"

成为管理者，你就有机会牵头做事，直面成败，躲也躲不掉。牵头做事，成长最快。你会接触更复杂的人，解决更复杂的问题，自然反向推动你生长出新的能力。也许过程充满压力、痛苦，睁眼闭眼全是问题。但是你一定会有理解问题的不同视角，有更广阔的大局观。你会慢慢地发现，探寻到的自己的上限，远比自己想象的要高。

一身本领，长在了你自己身上。

这就很值得。

工作是人生的一部分，人生不过是在体验更宽广、更深刻的边界。

这本小书，如果能在你的"拓展"过程中，帮你提供一点点小策略和小信心，就是我的荣幸了。

　　在我的"拓展"过程中，也常有给我提供策略和信心的人。

　　他们是我最亲密的家人，是我非常强大的支持系统，总让我有种"你只管去冲撞，背后有我们"的安全感，虽然他们从来没有这样直白地表达过。但这些年，再大的困难，我都觉得还有希望，一定是跟他们于细微处给予我的支持有关。

　　给我提供策略和信心的，也有我的同事和前辈。

　　感谢吴晓波老师。想来想去，他对我最为了解，所以第二次请他给我写个推荐序，而他也是二话不说地同意了。创业以后，一直在修炼自己与"不确定感"的相处，在诸如公司战略转型的重大时刻，他给了我充分的"确定感"，始终是我职场中的一盏灯。

　　这本书的很多选题，来自我在各平台的短视频。感谢以王妍和瑞峰为首的短视频团队，比起耀眼的才华，他们对于"为用户提供真正有价值的内容"的坚持，是真正难得的价值观，无数次给我能量。

　　感谢读客的华楠老师，许姗姗和洪刚两位老师，感谢他们的"产品力"。十几年前我初入出版行业，就曾学习过读客方法。没想到十几年后有幸作为作者享受到这一方法，心中充满感恩。

　　感谢蔡蕾老师和吕婧牵头的品牌团队，是他们的专业负责，让我可以没心没肺地埋头写稿子，什么都不管。

还有很多没有直接参与这本书却始终与我并肩作战的摩米的同事，也在此一并感谢。

任何作品，都不是一个人的功劳。我不过是代表所有团队成员，向大家做一次汇报演出罢了。

也要感谢你，这本书的读者，是你的选择，让我们的"创造"有了价值。

最后，这本书献给我的儿子小核桃。是他，让我永不放弃，并且总是想要去创造些什么，让这个世界上的每一个个体，能活得更自在向上——因为这也是我对他的一点期待。

我们后会有期。

崔璀

2022 年 2 月 12 日于钱塘江畔